AF293482

Markus Neisius

KWK-Stromberechnung

Im Kontext des Erneuerbare-Energien-Gesetzes (EEG)

Bachelor + Master
Publishing

Neisius, Markus: KWK-Stromberechnung: Im Kontext des Erneuerbare-Energien-Gesetzes (EEG), Hamburg, Diplomica Verlag GmbH 2012
Originaltitel der Abschlussarbeit: Leitfaden zur Ermittlung der KWK- Strommenge im Rahmen des Erneuerbaren- Energie- Gesetz (EEG)

ISBN: 978-3-86341-159-6
Druck: Bachelor + Master Publishing, ein Imprint der Diplomica® Verlag GmbH, Hamburg, 2012
Zugl. Fachhochschule Trier, Trier, Deutschland, Masterarbeit, 2011

Bibliografische Information der Deutschen Nationalbibliothek:
Die Deutsche Nationalbibliothek verzeichnet diese Publikation in der Deutschen Nationalbibliografie;
detaillierte bibliografische Daten sind im Internet über http://dnb.d-nb.de abrufbar.

Die digitale Ausgabe (eBook-Ausgabe) dieses Titels trägt die ISBN 978-3-86341-659-1 und kann über den Handel oder den Verlag bezogen werden.

Inhaltsverzeichnis

Abbildungsverzeichnis

Kapitel 1

Einleitung

Das Erneuerbare-Energien-Gesetz (EEG) vom 25. Oktober 2008 beschreibt eine Vergütungsstruktur für aus regenerativen Primärenergieträgern erzeugte und in das Netz der öffentlichen Versorgung eingespeiste elektrische Energie. Die mögliche Einspeisevergütung nach dieser Gesetzgebung besteht in der Regel aus der Grundvergütung und aus einem oder mehreren Bonusvergütungen. Zu den Bonusvergütungen zählt insbesondere der Kraft-Wärme-Kopplungs-Bonus (KWK-Bonus) welcher in der Anlage III zum EEG spezifisch beschrieben wird. Dabei handelt es sich um einen Bonus, der die in Kraft-Wärme-Kopplung erzeugte und in das öffentliche Netz eingespeiste elektrische Energie zusätzlich honoriert, sofern gewisse Voraussetzungen an die Wärmenutzung erfüllt werden. Um die Höhe des gesamten Vergütungsanspruches ermitteln zu können ist es zwangsläufig notwendig, hinreichend genaue Kenntnis über die KWK-Strommenge zu haben. Zur Ermittlung der KWK-Strommenge hat der Gesetzgeber ein vereinfachtes Berechnungsverfahren unter Zuhilfenahme der Stromkennzahl beschrieben. Im Laufe dieser Arbeit wird dieses Berechnungsverfahren mit weiteren Alternativen verglichen und die Resultate gegenüber gestellt.

Dabei soll vorerst abschließend erwähnt werden, dass eine zu geringe KWK-Strommenge zwangsläufig zu einer geringeren Vergütung für den Betreiber führt. Im Falle einer "Übervorteilung" durch zu viel gezahlte Vergütung aufgrund einer zu hoch berechneten KWK-Strommenge besteht die (latente) Gefahr der Rückforderung der bereits ausgezahlten Beträge durch den Netzbetreiber, was sich dann für den Betreiber ebenfalls negativ darstellt. Die Erfahrungen lehren, dass bereits ausgezahlte Beträge in aller Regel nicht mehr für eine Rückzahlung zur Verfügung stehen und einen Betreiber möglicher Weise in finanzielle Schwierigkeiten bringt. In jedem Fall sollte der Betreiber ein gesteigertes Interesse an einer möglichst genauen Vergütungsberechnung haben.

1.1   Zielsetzung der Arbeit

Im Rahmen dieser Ausarbeitung sollen einige Varianten zur Ermittlung der Kraft-Wärme-Kopplungs-Strommenge (KWK-Strommenge) aufgezeigt und gegeneinander verglichen werden. Dies erfolgt insbesondere unter Berücksichtigung der einschlägigen Regularien, vordergründig durch Anwendung der "Anerkannten Regeln der Technik" gemäß dem Arbeitsblatt FW 308 der Arbeitsgemeinschaft für Wärme und Heizkraftwirtschaft AGFW e.V..

Zudem soll ermittelt werden, welche Kausalitäten sich aus dem durch den Gesetzgeber benannten, vereinfachten Berechnungsanleitungen ergeben. Die Resultate sollen grundsätzlich aufklärenden Charakter besitzen, um hierdurch Anreiz und Motivation zu geben, die KWK-Stromberechnung möglichst präzise durchzuführen.

1.2   Gliederung der Arbeit

Nach der Einleitung im ersten Kapitel folgt in Kapitel 2 eine Analyse der gesetzlichen Rahmenbedingungen, aufgrund derer sich die Notwendigkeit zur Ermittlung der KWK-Strommenge ergibt. Dem folgen in Kapitel 3 die relevanten Begriffsbestimmungen die im Zusammenhang mit der KWK-Stromberechnung stehen. Die Analyse und Gegenüberstellung der Begrifflichkeiten ist von maßgeblicher Bedeutung, da die unterschiedlichen Gesetzgebungen bzw. Regularien diese nicht übereinstimmend und teilweise nicht eindeutig definieren. Da die Herleitung der notwendigen Betriebs- bzw. Anlagenkennzahlen sich mitunter durch die spezifische Anlagentechnik differenziert, werden in Kapitel 4 die häufigsten in der Praxis anzutreffenden Technologien dargestellt und erörtert. Dies beinhaltet die jeweiligen Besonderheiten und mögliche Auswirkungen auf die wichtigsten Anlagenkennzahlen. Eine dezidierte Beschreibung der tangierten Anlagenkennzahlen erfolgt, wie auch eine Darstellung der Abhängigkeiten bzw. Wechselwirkungen unter den Anlagenkennzahlen in Kapitel 5. Das Kernstück der Ausarbeitung findet sich in Kapitel 6. Hier werden unterschiedliche Vorgehensweisen zur KWK-Stromberechnung erläutert und die offensichtlichen Vor- und Nachteile zu jeder Variante dargestellt. Ebenfalls dargestellt werden Sonderfälle, sowie eine kurze Beschreibung einer möglichen Vor- bzw. Herangehensweise. Eine Zusammenfassung mit einer vielleicht sensibilisierenden Anregung bildet in Kapitel 7 zunächst den Abschluss der Arbeit. In der Anlage wird exemplarisch eine Beispielrechnung anhand der zuvor beschriebenen Berechnungswege auf Grundlage einer realen Anlagensituation durchgeführt. Diese endet in einer Gegenüberstellung der Ergebnisse, zu guter Letzt auch aus monetärer Sicht.

Dies alles letztlich verbunden mit der Hoffnung des Autors, die Qualität der Berechnungen künftig zu verbessern- vordergründig auch in der Verantwortung der Berechnenden den Betreibern gegenüber.

Kapitel

2

Analyse

Bereits bei den Anspruchsvoraussetzungen zum KWK-Bonus (Anlage 3 I Satz 1 EEG) wird ein erster Bezug zum KWK-Strom hergestellt. Dort heißt es: "...es sich um Strom im Sinne von §3 Absatz 4 des Kraft-Wärme-Kopplungsgesetz (KWKG) handelt...". Mit entsprechendem Blick in das KWKG findet sich unter diesem Verweis folgende Definition: "KWK-Strom ist das rechnerische Produkt aus Nutzwärme und Stromkennzahl der KWK-Anlage. " In dieser zwar kurzen und eigentlich trivialen bzw. vereinfachten Anleitung zur KWK-Stromermittlung verbergen sich gleich zwei, wie die Praxis zeigt, größere Handicaps. Die erste Schwierigkeit liegt weniger in der Definition der "Nutzwärme" als vielmehr in der Definition der "Bilanzgrenze", welche von maßgeblicher Bedeutung für die Bemessung ist. Zum Zweiten wird der Multiplikator "Stromkennzahl" beschrieben. Die Stromkennzahl ist generell der Quotient aus Strom- und Wärmeenergie. An und für sich auch zunächst eine eindeutige Beschreibung, bei genauerer Betrachtung können jedoch je nach Blickpunkt des Betrachters unterschiedliche Berechnungsparameter zugrunde gelegt werden. Beispielsweise beschreiben die Herstellerangaben zu den Blockheizkraftwerken üblicherweise die thermische Bruttoleistung und analog dazu die elektrische Bruttoleistung der BHKW-Anlage. Folglich wird hieraus dann die herstellerseitig angegebene Stromkennzahl ermittelt. Es darf also zunächst festgestellt werden, dass die Berechnungsanleitung nur dann ein exaktes Ergebnis liefert, wenn alle notwendigen Parameter eindeutig bekannt und bestimmt sind.

In Anlage 3 II Absatz 1 EEG werden zwei Möglichkeiten zum Nachweis des KWK-Stroms beschrieben.

1. Ermittlung bzw. Nachweis des KWK-Stroms nach anerkannten Regeln der Technik, der insbesondere dann vermutet wird, wenn die Anforderungen des Arbeitsblattes FW 308 der AGFW eingehalten werden oder

2. die Vorlage geeigneter Herstellerunterlagen für Anlagen bis zu einer Leistung von bis zu maximal 2 Megawatt, aus denen die Mindestangaben thermische und elektrische Leistung sowie die Stromkennzahl hervorgehen.

Sofern ein Gutachter oder Sachverständiger mit der KWK-Strom-Ermittlung beauftragt wurde - im Rahmen der 1. Variante muss dies zudem von einer Umweltgutachterin oder einem Umweltgutachter bestätigt werden - sollte man eigentlich davon ausgehen, dass auf diesem Weg ein korrektes Ergebnis resultiert.

In der Praxis hat die "Vereinfachte KWK-Stromberechnung" unter Zuhilfenahme der Herstellerangaben bislang eigentlich nie zu einem korrekten Berechnungsergebnis geführt. Mit dieser Vereinfachung hat der Gesetzgeber vermutlich unterstellt, dass die von den Herstellern angegebene Kennzahlen ebenfalls nach einschlägigen Regeln der Technik ermittelt werden/ wurden. Dies muss mittlerweile deutlich angezweifelt werden. Selbst wenn dem so wäre, so können die in einem Herstellerdatenblatt beschriebenen Anlagenkennzahlen nie die individuellen Rahmenbedingungen für den jeweiligen Anlagenstandort beschreiben. Diese Rahmenbedingungen beeinflussen die Leistungsfähigkeit einer Anlage unter Umständen maßgeblich. Aus rechtlicher Sicht handelt es sich bei den Herstellerangaben, insbesondere dann wenn diese als Kaufargument angeführt wurden, um "zugesicherte Eigenschaften", auf die der Anlagenbetreiber generell einen Anspruch hat.

Bestenfalls stimmt die elektrische Leistungsfähigkeit und damit der elektrische Wirkungsgrad mit den Herstellerangaben annähernd überein. Anders die thermische Leistungsfähigkeit, die nur in den seltensten Fällen im operativen Betrieb tatsächlich erreicht wird. Es hat den Anschein, dass manche Datenblätter fern jeder Ernsthaftigkeit erstellt wurden. So sind Einzelfälle bekannt, aus denen sich Anlagenwirkungsgrade von über 100% ableiten lassen- und somit schon auf den ersten Blick weder plausibel noch glaubwürdig sind. Bis dato werden die Herstellerangaben grundsätzlich als Berechnungsgrundlage akzeptiert und gerne (blind) genutzt. Selbst fachkundige Hinweise und Ratschläge werden in diesem Zusammenhang häufig von den Berechnenden, in aller Regel Gutachter oder Sachverständige wie auch von Netzbetreibern bzw. deren Sachbearbeitern geflissentlich ignoriert. Über die Gründe hierfür kann lediglich spekuliert werden. Es muss nochmals an dieser Stelle ausdrücklich betont werden: Keine der vom Autor mannigfaltig überprüften Vergütungsberechnungen auf Grundlage der Herstellerangaben führte zu korrekten KWK-Strommengen. Aufgrund dieser Sachlage resultierte die Notwendigkeit dieser Ausarbeitung.

In aller Regel handelt es sich bei den installierten Biomasse- Blockheizkraftwerken um solche die der Eingangsdefinition "Serienmäßig hergestellt" entsprechen. Diese Anlagen wurden im Idealfall auf maximale elektrische Effizienz ausgelegt. Einen direkten Einfluss auf die Anlagenkonfiguration hatte der Anlagenkäufer üblicher Weise nicht. Von den Anlagenherstellern darf man jedoch erwarten, dass die Anlagen permanent dem jeweiligen "Stand der Technik" angepasst werden. Der Autor ist in diesem Zusammenhang der Auffassung, dass ein Anlagenbetreiber zunächst für die Minderleistung seiner Anlage gegenüber den Herstellerangaben nicht weiter zur Verantwortung gezogen werden darf. Andererseits sollte es ein Selbstverständnis sein, dass erkannte Mängel an den Anlagen von den Betreibern abgestellt werden. Dies sollte für effizienzverbessernde Maßnahmen im Allgemeinen und vor allem und speziellem für umweltrelevante Maßnahmen gelten.

Begriffsbestimmungen

Die folgenden Begriffsbestimmungen sind elementar notwendig, um die Vergütungs-
berechnug bzw. die KWK-Strommengenberechnung korrekt durchführen zu können. Dabei werden die Begriffe im Sinne bzw. zur Anwendung im Rahmen des
Erneuerbare-Energien-Gesetz dargestellt. Nicht unerwähnt bleiben soll in diesem
Kontext, dass gerade durch die unterschiedlichen Definitionen der Begrifflichkeiten
mannigfaltige Missverständnisse hervorgerufen wurden und werden. Dies nicht zuletzt vor dem Hintergrund dass es keinesfalls eine "allgemeingültige" Norm für diese
Begriffe gibt.

Generell bildet das FW 308 als "anerkanntes Regelwerk der Technik" das Rückgrat
der hier durchgeführten erweiterten Definitionsgrundlage. Auf Mehr- oder Zweideu-
tigkeiten wird im Einzelfall insbesondere hingewiesen.

3.1 Anlage

Gemäß dem §3 Satz 1 EEG ist eine Anlage: "...jede Einrichtung zur Erzeugung von
Strom...". Leider wird hierdurch kein Bezug auf die Anlagen- bzw. Bilanzgrenzen hergestellt. Eine weitere prekäre Situation ergibt sich immer dann, wenn die eigentliche
"serienmäßig hergestellte Anlage" im Sinne des Gesetzes als Komponente einer über-
geordneten "Anlage" installiert ist. Dies ist z.B. bei Biogasanlagen regelmäßig der
Fall. Die in diesem Zusammenhang angegebenen Leistungskennwerte beziehen sich
ausschließlich auf das implementierte BHKW, also die eigentliche stromerzeugende
Anlage, obgleich die eigentliche Bilanzgrenze "der Anlage" auf die gesamte Biogasanlage ausgedehnt werden müsste. Seit dem EEG 2009 kann dies der konsolidierten

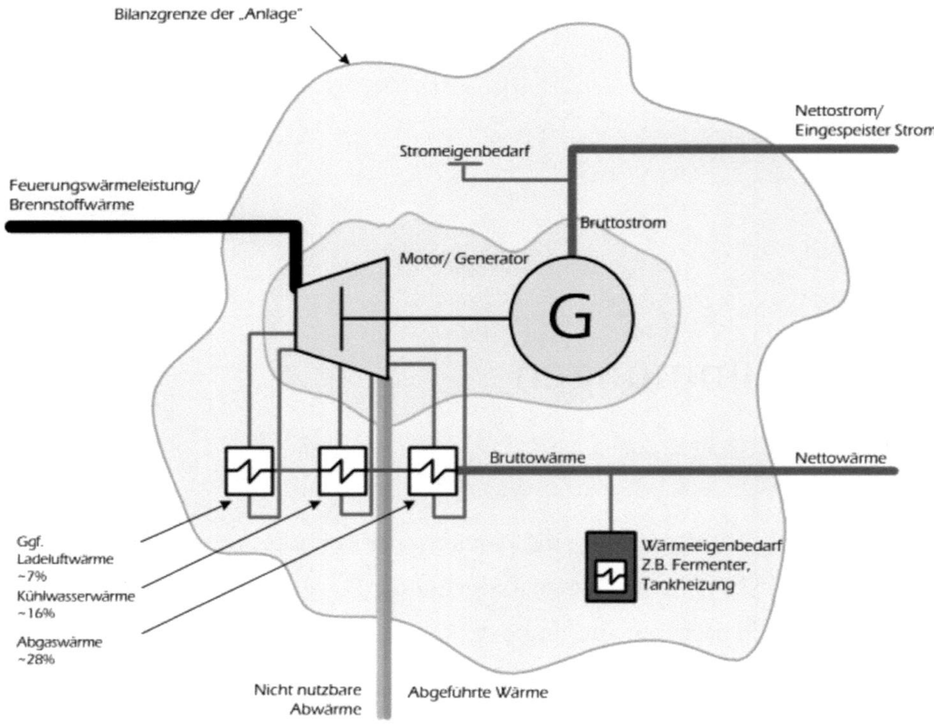

Abb. 3.1: *KWK-Schema*

Begründung zum EEG unter dem Aspekt des "weiten Anlagenbegriffs" entnommen werden. Mit diesem "Kunstgriff" hat der Gesetzgeber nun offensichtlich zwei unterschiedliche Definitionen für den Begriff der "Anlage" geschaffen - den "engen" und den "weiten" Anlagenbegriff. Gerade in Bezug auf den Zeitpunkt der Erstinbetriebnahme einer Anlage führt dies zu weiteren Unklarheiten. Die ursächliche Problemstellung wurde somit partiell gelöst, dafür aber weitere Probleme geschaffen...

In jedem Fall ergibt sich aufgrund dieser Sachlage eine Verschiebung der Kenn- und Leistungswerte des originären BHKW. Auch ist der anlageninterne Energiebedarf volatil und kann nur dann über eine Verhältniszahl (Stromkennzahl) zum Ausdruck gebracht werden, wenn diese auf die realen Betriebsparameter der Anlage in einer Berichtszeit abgebildet wird - keinesfalls über das (statische) Datenblatt des BHKW. Da sich die Vergütungsbemessung einer z.B. Biomasseanlage auch auf die Art und Weise der Biomasseaufbereitung bezieht, müssen die Aufbereitungsstufen (Fermenter, Reaktoren, Pressen,...) im Anlagenkontext implementiert oder berücksichtigt sein. Somit kann im Sinne des EEG die "Anlage" nicht auf die Stromerzeugungseinheit (Motor/ Generator) reduziert werden, sondern umfasst sämtliche Prozessstufen zur Lagerung, Aufbereitung und Handling der eingesetzten Primärenergieträger. Dies wurde zumindest ansatzweise durch den weiten Anlagenbegriff bestätigt. Alleine durch diesen Umstand differenziert sich die "Anlage" und dadurch auch der "Bilanzkreis der Anlage" im Sinne des EEG wesentlich von den Ausführungen des FW 308 in dem die Primärenergieaufbereitung sowie nachgeschaltete Prozesse (z.B. Abgasreinigung, Gasaufbereitung) eindeutig nicht zum Anlagenprozess hinzugezogen werden. Beiläufig sei angemerkt, dass zur Beurteilung des Inbetriebnahmezeitpunktes einer Anlage ausschließlich der enge Anlagenbegriff anzuwenden ist. Dies ist zumindest die derzeitige Auffassung und Auslegung des Gesetzestextes. Begründet wird dies damit, dass es ansonsten grundsätzlich möglich wäre z.B. eine alte BHKW-Bestands-Anlage an einer neuen Biogasanlage mit einer "neuen" Erstinbetriebnahme auszustatten. Als Indiz für diese Interpretation kann der Wegfall der "50% Modernisierungsklausel" im EEG 2009, die Definition der "Inbetriebnahme" gemäß §3 Satz 5 EEG,sowie die Bestimmungen zu "Vergütungsbeginn und -dauer" §21 Absatz 3 EEG, gewertet werden. Hiernach ist es in summa ausgeschlossen, eine bereits in Betrieb genommene Anlage in eine Neuanlage zu überführen, bzw. einen Neubeginn der Vergütungsdauer zu erwirken.

3.2   Vorrichtungen zur Wärmeabfuhr

Klassischer Weise versteht man hierunter Anlagenkomponenten wie z.B. Tischkühler, Rückkühler, Abgasbypässe etc., die eine gezielte Wärmeabfuhr zur Aufgabe haben. Gemäß dem FW 308 ist jedoch eine "...nicht vollständige Ausnutzung der Wärme..." bereits als Wärmeabfuhr zu verstehen, wobei in diesem Zusammenhang konstruktive wie auch technische Rahmenbedingungen individuell berücksichtigt werden müssen, um auf diese Weise ein Maß für das technisch Mögliche definieren zu können. Da sich die thermische Leistungsfähigkeit der Anlage insbesondere auch durch das nutzbare Abgastemperaturgefälle bestimmt, gilt es dieses möglichst auszunutzen. Um der Gefahr von Kondensationsprodukten im Abgassystem vorzubeugen, gilt eine Abgasresttemperatur von ca. 180- 200° Celsius als Usus. Eine Abgastemperatur darüber hinaus kann demnach durchaus als Wärmeabfuhr gewertet werden.

3.3   Bilanzgrenze

Die Bilanzgrenze ist die physikalische oder imaginäre äußerste Begrenzung der "Anlage". Sämtliche innerhalb der Bilanzgrenze befindlichen Aggregate, Infrastrukturleitungen, Energieaufwendungen, usw. sind der "Anlage" zuzurechnen. Dem hingegen ist alles ausserhalb befindliche als "Anlagenextern" zu werten. Die Bilanzgrenze einer Anlage (siehe Abbildung 3.1) umfasst somit all jene Anlagenkomponenten und Anlagenprozesse, die der "Anlage" als solche zugehörig sind, bzw. direkt zugeordnet werden können. Dies mit der Konsequenz, dass die notwendigen Energien vor allem die benötigten Strom- und Wärmeenergien als Prozessenergie der betrachteten Anlage gewertet werden müssen. Hier gibt es in den betrachteten Richtlinien und Gesetzgebung wesentliche Unterschiede. Gemäß dem EEG sind sämtliche Prozesse zur Brennstoffgewinnung bzw. Aufbereitung wie z.B. Fermenter, Tankheizung oder Rührwerke zwingende Bestandteile der betrachteten Anlage (weiter Anlagenbegriff). Gleiches gilt für eventuelle nachgelagerten Anlagenprozesse wie z.B. Abgasnachbehandlung, Gasaufbereitung, etc..

Anm.: Dem Autor ist keine Anlage bekannt, die derartig aufgebaut ist, dass dieser Voraussetzung Sorge getragen wird. Es ist eher die Regel, dass zumindest die benötigte elektrische Energie separat aus dem öffentlichen Netz bezogen wird, da der Bezugsstrom in aller Regel wirtschaftlich günstiger ist als der in der Anlage selbst erzeugte Strom.

Dies sieht das Regelwerk der AGFW völlig anders. Hier gelten alle vor- bzw. nachgelagerten Anlagenprozesse wie die oben beschriebenen, als ausdrücklich anlagenexterne Prozesse. Dies abgebildet auf ein Verbrennungsmotor-BHKW bedeutet, dass lediglich die Einheit Motor und Generator, bestenfalls die Wärmeaustauscher sowie die Steuerung und notwendige Pumpen und Lüfter als anlageninterne Prozesse gewertet werden. Eine genaue Bilanzgrenze wird vom Gesetzgeber im Rahmen des EEG nicht vorgegeben, jedoch läßt sich diese an und für sich aus den Ausführungen ableiten, was häufig genug kontrovers diskutiert wird.

Um dem EEG nun zu folgen ist eine leicht verwirrende Ermittlung von Kennzahlen notwendig. Zunächst gilt es die Kennzahlen für die Anlage im Sinne des "engen" Anlagenbegriffes, also des reinen Blockheizkraftwerkes zu ermitteln. Man erhält als Zwischenergebnis die Nettowärme und den Nettostrom der Anlage welche der Bruttowärme und dem Bruttostrom der Gesamtanlage (weiter Anlagenbegriff) (siehe Abbildung 3.1) entsprechen. Hieraus lässt sich die leistungsbezogene (Netto-) Stromkennzahl (bezogen auf den engen Anlagenbegriff) ermitteln. Sofern nun Prozessenergien (Strom und Wärme) im Sinne des weiten Anlagenbegriffes genutzt werden, müssten diese in weiteren Kennzahlen (Nettowärme, Nettostrom, Netto-Stromkennzahl) ausgedrückt werden. Dies jedoch wird seitens des Gesetzgebers nicht gefordert. Das EEG beschreibt somit eine vollständige Vermengelage der bisher bekannten Bilanzgrenzen. Während auf der "Stromseite" konsequent auf die tatsächlich in das öffentliche Netz eingespeiste elektrische Energiemenge abgestellt wird und damit die Bilanzgrenze der Anlage bis zum Netzeinspeisepunkt ausgedehnt wird, bezieht man sich auf der Wärmeseite auf die sehr unspezifische Nettowärme der BHKW-Anlage bzw. Bruttowärme der Anlage (weiter Anlagenbegriff).

Zwar scheinen die Kennzahlen auf den ersten Blick verwirrend, dennoch wird zumindest in diesem Werk davon abgesehen weitere Kennzahlen zu definieren. Sofern in den nachfolgenden Kapiteln nichts anderes angegeben ist, beziehen sich die Begrifflichkeiten immer auf den engen Anlagenbegriff und damit auf die BHKW-Anlage.

3.4 Kraft-Wärme-Kopplung

Im Kraft-Wärme-Kopplungsgesetz (KWKG) §3, wird ausgeführt: "Kraft-Wärme-Kopplung ist die gleichzeitige Umwandlung von eingesetzter Energie in elektrische Energie und in Nutzwärme...". Dabei handelt es sich klassischer Weise um Turbinenprozesse, in denen eine Dampfenergie zunächst in mechanische Rotationsenergie und letztlich dann, mithilfe eines Generators in elektrische Energie umgewandelt wird. Gleichermaßen sind seit jüngerer Zeit die Blockheizkraftwerke in den Focus gerückt, da diese, üblicher Weise mit einem Verbrennungsmotor als Antriebsaggregat ausgerüstet, mithilfe eines Generators die beiden Erzeugnisse elektrische und thermische Energie aus einem eingesetzten Primärenergieträger erzeugen. Hier lassen sich mittlerweile Brennstoffnutzungsgrade von über 90 Prozent realisieren.

Zwingende Voraussetzung für die Erfüllung des "Kraft-Wärme-Kopplungs-Kriteriums" ist die zeitgleiche Erzeugung der elektrischen wie auch thermischen Energie. Die Art und Weise der Nutzung der Energieformen hat für diese Eigenschaft zunächst keine Bedeutung. Sobald jedoch Anteile des "Koppelproduktes" Wärme abgeführt werden, wird der analog erzeugte mechanische oder elektrische Energieanteil als "ungekoppeltes" Energieprodukt bezeichnet. Im Rahmen der Betrachtung durch das EEG gilt dies ebenfalls, wenn die Wärme einer anderen als den benannten förderfähigen Nutzungen (siehe Anlage 3 zum EEG) zugeführt wird.

3.5 KWK-Strom

Allgemein ausgedrückt beschreibt die KWK-Strommenge die Strommenge, die zeitgleich zu einer erzeugten und gemäß den Vorgaben des Gesetzgebers genutzten Wärmemenge erzeugt wurde. Die KWK-Strommenge kann zudem noch in eine KWK-Bruttostrommenge, der von der Anlage insgesamt erzeugten KWK-Strommenge und in eine KWK-Nettostrommenge, der zur anlagenexternen Nutzung bereit gestellten KWK-Strommenge, unterschieden werden.

Im Speziellen verweist das EEG auf den §3 Absatz 4 KWKG wonach "KWK- Strom das rechnerische Produkt aus Nutzwärme und Stromkennzahl der Anlage ist". Im Rahmen des FW 308 ist die KWK-Nettostromerzeugung der EEG-Begrifflichkeit "KWK-Strom" zunächst gleichbedeutend, wobei das EEG sich letztlich dann auf die in das Netz eingespeiste KWK-Strommenge bezieht. Eventuelle Stromeigenverbräuche finden somit im Rahmen des EEG keine Berücksichtigung in der Vergütungsberechnung. Zusätzlich wird durch das FW 308 beschrieben, dass die KWK-Stromerzeugung im Zusammenhang mit der KWK-Nettowärmeerzeugung steht. Dies entspricht den Ausführungen des KWKG. Über die Verhältnisse ausgedrückt entspricht das Verhältnis von Nettowärme zu Bruttowärme dem Verhältnis von KWK-Strom zu Bruttostrom (siehe auch Kapitel 6.3).

Anm.: Im Gesetzestext des EEG wird mitunter der Terminus "Strom" fachlich falsch dargestellt. Insbesondere im Kontext mit der Vergütungsbemessung wird häufig von "eingespeistem Strom" oder "eingespeister Strommenge" gesprochen. Der elektrische Strom bezeichnet jedoch die Stromstärke welche in Ampère (A) angegeben wird. Gemeint ist statt dessen die "elektrische Arbeit" bzw. die "elektrische Energie" die in Kilowattstunden (kWh) angegeben wird.

3.6   Leistung einer Anlage

Hier definiert das EEG "...die elektrische Wirkleistung, die die Anlage bei bestimmungsgemäßem Betrieb ohne zeitliche Einschränkungen [...] erbringen kann...". Damit kann also zunächst nur die Dauerleistung der Anlage gemeint sein, die auch z.B. im Rahmen von Genehmigungsverfahren als charakterisierende Anlagenkennzahl angegeben wird.

Bei näherer Betrachtung könnte im Zusammenhang mit dem Anlagenbegriff sowie des §18 Absatz 2 EEG "Leistung im Sinne..." die Dauer-Einspeiseleistung (Verstetigte Anlagenleistung) der Anlage gemeint sein. Der Grund für diese Schlussfolgerung findet sich in dem Umstand, dass das EEG die Vergütung ausschließlich auf die eingespeiste Strommenge, und hier zudem auf die verstetigte Strommenge abstellt. Erzeugte, aber selbst genutzte Strommengen bleiben zunächst außen vor, beeinflussen selbstverständlich aber die Berechnungsergebnisse des KWK-Stromanteils der Strommenge die in das öffentliche Netz eingespeist wurde (siehe auch Kapitel 6.4).

Diese zunächst eindeutige Begrifflichkeit kann, geprägt vom jeweiligen Zusammenhang oder aber Aufgrund einer unspezifischen Definition, mehrdeutigen Charakter besitzen.

3.7   Bruttostromerzeugung

Im EEG nicht weiter ausgeführt, versteht das KWKG wie auch das FW 308 hierunter "...die elektrische Arbeit gemessen an den Generatorklemmen...". Die Bruttostromerzeugung oder technisch und fachlich korrekt die erzeugte elektrische Bruttoarbeit wird u.a. als Kennzahl zur Ermittlung des elektrischen Bruttowirkungsgrades der BHKW-Anlage genutzt.

3.8   Nettostromerzeugung

Allgemeingültig handelt es sich hierbei um das Resultat aus Bruttostrom (korrekt: elektrischer Bruttoarbeit) abzüglich aller elektrischen Verluste und Eigenbedarfe. Aus Sicht der verschiedenen Gesetze bzw. Richtlinien spezifiziert sich dies folgender Maßen:

EEG: entspricht der in das öffentliche Netz eingespeisten Strommenge.

KWKG: Generatorklemmenleistung abzüglich des Stromeigenbedarfes.

FW 308: elektrische Energiemenge die einer anlagenexternen Nutzung bereitgestellt wird.

Zusammenfassend kann die Aussage auf "anlagenextern bereit gestellte elektrische Energiemenge" reduziert werden. Das EEG beschneidet dies nochmals, da als Grundlage hier die eingespeiste Strommenge beziffert wird. Daraus resultiert, dass das öffentliche Netz einer anlagenexternen elektrischen Energienutzung gleichbedeutend ist.

3.9   Wärmepotenzial

Das mögliche Wärmepotential einer Anlage beschreibt die maximal mögliche theoretische Wärmeleistung, die eine Anlage unter Berücksichtigung der individuellen Rahmenbedingungen an einem Anlagenstandort erzeugen und bereitstellen kann. Als Beispiel für einen limitierenden Faktor kann hier die Abgaswärme eines Antriebsaggregates aufgezeigt werden. Das maximal nutzbare Wärmepotential bestimmt sich maßgeblich durch die Abgasresttemperatur. Diese wiederum wird unter anderem durch die baulichen und konstruktiven Rahmenbedingungen beeinflusst.

3.10   Bruttowärmeerzeugung/ Bruttowärmeleistung

Bruttowärme ist die von der Anlage ausgekoppelte und zur Nutzung (anlagenintern wie -extern) bereitgestellte Wärmemenge. Bei einer optimal ausgelegten Anlage entspricht diese dem theoretisch möglichen Wärmepotenzial abzüglich der Verluste wie z.B. Wärmeaustauscherverluste und Anpassungsdefizite. Die Bruttowärmeleistung wird üblicher Weise von den BHKW-Herstellern in den Datenblättern angegeben.

3.11   Nettowärmeerzeugung/ Nettowärmeleistung

Hier herrscht weitgehend gleiche Auffassung zwischen dem FW 308 und dem KWKG, wobei die Begrifflichkeiten "Nettowärme" und "Nutzwärme" den gleichen Tenor führen: "...aus einem KWK-Prozess ausgekoppelte Wärme, die außerhalb der KWK-Anlage genutzt wird". Dem Kontext des EEG folgend wird obige Definition bestätigt aber zudem gefordert, dass die Nutzung dieser Wärme entsprechend den Voraussetzungen des EEG erfolgt. Dies zumindest dann, wenn der KWK-Bonus in Anspruch genommen wird.

3.12   Leistung und Arbeit

Da wie bereits aufgeführt selbst der Gesetzgeber an vielen Stellen die physikalischen oder elektrotechnischen Grundlagen missverständlich darstellt sollen nun einige klar beschrieben werden.

Leistung (elektrische) Hierunter versteht man grundsätzlich eine elektrische Energie pro Zeit. Bei Erzeugungsanlagen wird in der Regel die elektrische Nennleistung in Kilowatt [kW] angegeben. Das SI-Formelzeichen für die Leistung ist das "P" (Englisch: Power) mit der Einheit Watt [W]. Diese errechnet sich als Produkt aus elektrischer Spannung und Stromstärke, wobei eine Zeitabhängigkeit (bei Wechselspannung) beachtet werden muss. Die Herstellerangaben beziehen sich bei der Anlagenleistung normaler Weise auf die Maximalleistung der Anlage, die dauerhaft ohne Schädigung der Anlage bereit gestellt werden kann. Es darf davon ausgegangen werden, dass es sich bei dieser Leistungsangabe um die Wirkleistung der Anlage handelt.

Die unspezifische elektrische Leistung kann weiter in die Wirkleistung, Scheinleistung und Blindleistung spezifiziert werden. Durch Vorhandensein von induktiven oder kapazitiven Einflüssen resultiert ein Phasenverschiebungswinkel ($Cos\ \varphi$) bei der Energieerzeugung und Nutzung zwischen Strom und Spannung, der sich entsprechen auf die Leistungen fortpflanzt. Eine Möglichkeit zur Berechnung der Leistungen besteht in einem komplexen, ebenen Zeigerdiagramm oder aber über die trigonometrischen Funktionen. Der Phasenverschiebungswinkel, teilweise auch Power-Factor (PF) genannt, wird normaler Weise von den Anlagenherstellern angegeben. Die grundsätzlichen Zusammenhänge beschreiben sich wie folgt: $S^2 = Q^2 + P^2$

Scheinleistung (S) Sie beschreibt die "scheinbar" vorhandene Maximalleistung als quadratische Summe aus der Wirk- und Blindleistung. Gleichermaßen entspricht sie dem Produkt aus Strom und Spannung (S=U*I).

Blindleistung (Q) ist der Leistungsanteil der auf kapazitive oder/ und induktive Einflüsse zurückzuführen ist. Er errechnet sich als quadratische Subtraktion von Scheinleistung und Wirkleistung oder aber über den trigonometrischen Zusammenhang: $Q = U * I * Sin\ \varphi = S * Sin\ \varphi$.

Wirkleistung (P) ist der Leistungsanteil der in eine andere Energieform umgewandelt werden kann (gewünschtes Energieprodukt) und entspricht im übertragenen Sinn der Exergie der Scheinleistung. Die Wirkleistung kann über eine quadratische Subtraktion von Scheinleistung und Blindleistung oder aber über den Zusammenhang $P = U * I * Cos\ \varphi = S * Cos\ \varphi$ berechnet werden.

Arbeit (elektrische) Energie kann auf vielfältige Arten bereit gestellt werden (Mechanisch, Chemisch, Magnetisch,...). Die elektrische Energie bzw. Arbeit wird beispielsweise in entsprechenden Anlagen (Energieerzeugungsanlagen) aus einer anderen Primärenergie wie z.B. Wind, Atomkraft, Erdgas, Heizöl, Kohle, etc. erzeugt, über eine gewisse Infrastruktur transportiert und einem elektrischen Verbrauchter zur Nutzung bereit gestellt. Die Energie führt als SI-Einheit das "E" mit der Einheit Joule [J] oder Wattsekunde [Ws], (1J=1Ws), und errechnet sich als Produkt aus einer elektrischen Spannung, einer Stromstärke und einer Zeiteinheit (t1-t2): $E = U * I * \Delta t$. Als Maßeinheit im Bereich der elektrischen Energie oder der allgemeinen Stromversorgung hat sich die Kilowattstunde [kWh] durchgesetzt.

Sofern also eine Anlage eine elektrische Leistung von 1 kW über eine Zeit von einer Stunde erzeugt, hat die Anlage genau 1 Kilowattstunde [kWh] elektrische Arbeit erzeugt.

Die Begrifflichkeiten sind auch in dem vorliegenden Werk mitunter fälschlich angewandt, damit eine Vergleichbarkeit mit den Gesetzen und Richtlinien weiterhin möglich ist.

3.13   Stromkennzahl arbeitsbezogen/ leistungsbezogen

Im Sinne des Kraft-Wärme-Kopplungs-Gesetz beschreibt die Stromkennzahl "... das Verhältnis der KWK-Nettostromerzeugung zur KWK-Nutzwärmeerzeugung in einem bestimmten Zeitraum." Damit entspricht diese Definition der "arbeitsbezogenen Stromkennzahl" gemäß dem FW 308. Im weiteren wird die Analogie beschrieben, da die "... KWK-Nettostromerzeugung [...] dem Teil der Nettostromerzeugung entspricht, der physikalisch unmittelbar mit der Erzeugung der Nutzwärme gekoppelt ist...". Es muss also davon ausgegangen werden, dass der Gesetzgeber hier auf Arbeitswerte abstellt. Bei der umgangssprachlich verwendeten Stromkennzahl handelt es sich jedoch in aller Regel um die vom Hersteller der Anlage angegebene Stromkennzahl. Gemäß dem FW 308 entspricht diese der "leistungsbezogenen (Brutto-) Stromkennzahl", die auf unterschiedliche Weise ermittelt werden kann (vgl. Anlage 1 FW 308). Diese Ermittlungsverfahren sind:

- Herleitung aus Auslegungsdaten/ Herstellerunterlagen,

- Messung,

- Kreislaufrechnung.

Der Anspruch an die jeweilige Ermittlungsschärfe unterliegt maßgeblich der maximal gewünschten Genauigkeit.

Die arbeitsbezogene Stromkennzahl reflektiert hingegen den tatsächlichen operativen Betrieb. Als Berechnungsbasis dienen die in einem Bilanzzeitraum oder in einer Berichtszeit erzeugten Arbeitswerte (elektrische und thermische Arbeit).

Gemäß dem FW 308 kann die leistungsbezogene Stromkennzahl nicht von der arbeitsbezogenen Stromkennzahl erreicht werden. Diese Aussage mag grundsätzlich für Turbinenanlagen zutreffend sein, bei Motor-BHKW-Anlagen sieht dies indes anders aus. Hier beschreibt die leistungsbezogene Stromkennzahl einen idealisierten Zustand, der im operativen Betrieb (durch die arbeitsbezogene Stromkennzahl) nicht unterschritten werden kann. Die Gründe hierfür sind bei genauer Betrachtung sehr trivial.

Die elektrische Effizienz einer solchen Anlage kann eigentlich nur durch mechanischen Verschleiß oder veränderte Randbedingungen beeinflusst werden. Auf den Lebenszyklus einer Anlage abgestellt, dürften sich die jährlichen Effekte unter der Marginalitätsgrenze abspielen. Die thermische Effizienz hingegen kann und wird durch vielfältige, nicht zu vermeidende Ereignisse permanent beeinflusst. Vor allem Ablagerungen bzw. Verunreinigungen der Wärmeaustauscher können hier benannt werden. De facto muss davon ausgegangen werden, dass sich die thermische Leistungsfähigkeit auch innerhalb eines Betriebsjahres signifikant verschlechtert. In wie weit dies durch Wartungsarbeiten vermieden oder kompensiert werden kann, muss anheim gestellt werden.

$$Stromkennzahl = \frac{elektrische\ Leistung/Arbeit}{thermische\ Leistung/Arbeit} \tag{3.1}$$

Rein rechnerisch betrachtet verringert sich somit bei der Berechnung der arbeitsbezogenen gegenüber der leistungsbezogenen Stromkennzahl der Nenner, was eine Erhöhung des Divisionsergebnisses zur Folge hat (siehe Gleichung 3.1) Bestenfalls, wenn die thermische Leistungsfähigkeit und damit die Arbeitskennzahlen der Anlage den Herstellerangaben entspricht, sind beide Stromkennzahlen gleichlautend. Unterschritten werden kann die leistungsbezogene Stromkennzahl indes nicht.

Anm.: Im Praxisbetrieb zeigt sich mitunter, dass die angegebenen thermischen Leistungsfähigkeiten der Anlagen nicht erreicht werden. Hier darf unterstellt werden, dass die Kenndaten nicht "ordnungsgemäß" von den Herstellern ermittelt wurden oder aber eine suboptimale Anlagenkonfiguration bzw. Betriebsweise vorherrscht. So-

fern die arbeitsbezogene Stromkennzahl deutlich von der leistungsbezogenen abweicht, sollten die Herstellerkennzahlen grundsätzlich überprüft werden.

Gemäß dem FW 308 ist nach der Bestimmung der Stromkennzahlen zu entscheiden welche der beiden letztlich zur KWK-Strom-Berechnung herangezogen werden soll. Eine solche Regelung ist bei den hier betrachteten Anlagen nicht sehr zielführend, da man davon ausgehen muss dass in der Praxis die arbeitsbezogene Stromkennzahl immer größer ist als die leistungsbezogene.

Fazit:

Grundsätzlich spiegelt die arbeitsbezogene Stromkennzahl den realen Anlagenbetrieb wider, worauf der Gesetzgeber auch -wie oben beschrieben, abstellt. Bis zu welchem Maße eine Abweichung der Stromkennzahlen akzeptiert und auf einen typischen Anlagenbetrieb zurückgeführt werden kann, muss individuell entschieden werden. Da der Gesetzgeber grundsätzlich keine Effizienzvorgaben macht und sich auf die Arbeitswerte der Anlage bezieht kann dies einem Anlagenbetreiber nicht zum Nachteil ausgelegt werden, vorausgesetzt er kann einen ordentlichen und ernsthaften Anlagenbetrieb nachweisen. Aus Sicht des Autors sollten bei einer deutlichen Abweichung (20%) die Herstellerangaben verifiziert und die KWK-Strom-Berechnung ausschließlich mit der (ordnungsgemäß ermittelten) leistungsbezogenen Stromkennzahl durchgeführt werden.

3.14 Wirkungsgrad

Unter einem Wirkungsgrad wird üblicher Weise der Umwandlungswirkungsgrad eines Umwandlungsprozesses bezeichnet. Der entsprechende Wirkungsgrad ergibt sich als Quotient der jeweils gewünschten Endenergien wie beispielsweise elektrische oder thermische Energie und der eingesetzten Energie.

$$\eta_{(el)} = \frac{elektrische\ Arbeit}{zugeführte\ Energie} = \frac{elektrische\ Leistung}{zugeführte\ Leistung}$$

$$\eta_{(th)} = \frac{thermische\ Arbeit}{zugeführte\ Energie} = \frac{thermische\ Leistung}{zugeführte\ Leistung}$$

$$(3.2)$$

Die zugeführte Energie bzw. Leistung bezieht sich auf den Primärenergieträger der dem Prozess zuführt wird. Die zugeführte Leistung wird häufig auch als Feuerungswärmeleistung oder Brennstoffwärmeleistung bezeichnet, wobei zumindest die letztgenannte nicht eindeutig ist. Analog wird die zugeführte Energie auch als Feuerungswärme oder Brennstoffwärme bezeichnet. Wirkungsgrade dienen als qualitatives Merkmal eines Anlagenprozesses, welche Rückschluss auf die Effizienz einer Anlage ermöglichen. Auch werden diese Kennzahlen gerne als Verkaufsargument genutzt.

Brennstoff	Brennwert	Heizwert
	kWh/kg	kWh/kg
lufttrockenes Holz *	4,6	4,3
Holzpellets	5,2	4,9
Holzbrikett	5,1	4,8
Torf	6,4	4,2
Steinkohle	8,6	7,8
Pflanzenöl	10,3	10,0
Benzin	13,0	12,0
Ethanol	8,2	7,4
Diesel	12,6	11,8
Biodiesel (Rapsöl)	11,1	10,2
Heizöl	10,9	10,0
Erdöl	-	11,9
Erdgas **	10,0- 14,0	9 - 12,6
* abhängig von der Holzsorte		
** abhängig von der Gaszone		

Tab. 3.1: *Vergleichstabelle Heizwert/ Brennwert*

3.15 Heizwert und Brennwert

Der Heizwert und auch der Brennwert beschreiben jeweils die chemische Energie die in einem Energieträger gebunden ist. Der Brennwert, der früher auch als oberer Heizwert bezeichnet wurde, entspricht der Summe aller bei vollständiger Verbrennung frei gewordenen Energien. Hierbei wird das gesamte Temperaturspektrum normaler Weise bis auf die chemische Normaltemperatur (25°C) berücksichtigt. Die Ermittlung des Heizwertes (früher als unterer Heizwert bezeichnet) erfolgt auf gleicher Weise mit dem Unterschied, dass die Kondensationsenergie (Enthalpie) der im Abgas enthaltenen Wasseranteile unberücksichtigt bleiben. Hieraus resultiert zwangsläufig, dass der Brennwert energetisch betrachtet stets über dem Heizwert eines Stoffes liegen muss. In Tabelle 3.1 sind einige Energieträger bezüglich Ihrer Heiz- und Brennwerte dargestellt.

Zumindest für einen einstufigen Anlagenprozess kann der Heizwert mit der Exergie und die Differenz aus Brennwert und Heizwert als Anergie des zugeführten Primärenergieträgers definiert werden.

Moderne Heizkessel haben mit der sogenannten Brennwerttechnik das Vermögen, die Kondensationsenergie des Abgases bzw. des enthaltenen Wasserdampfes nutzbar zu machen.

Wirkungsgrade können grundsätzlich auf den Brennwert oder den Heizwert bezogen sein. Eine entsprechende Angabe hierzu ist in jedem Fall erforderlich, wobei zumindest bei der Verwendung in Verbrennungsmaschinen üblicher Weise vom Heizwert ausgegangen wird. In der jüngeren Vergangenheit kam es vielfältig zu Problemen bei der Nutzung von Erdgas, da der angegebene Wirkungsgrad der Maschinen sich eben auf den Heizwert bezieht, die Preisfindung im Allgemeinen spezifisch in $\left[\frac{Cent}{kWh}\right]$ bezogen auf den Brennwert angegeben wird. Den auf eine Masse bezogenen Brenn- oder Heizwert bezeichnet man als den spezifischen Brenn- oder Heizwert. Die gebräuchlichen Kurzformen:

$$
\begin{aligned}
Brennwert: \; & Hs \; (s = superior) \; oder \; veraltet \; Ho. \\
Heizwert: \; & Hi \; (i = inferior) \; oder \; veraltet \; Hu.
\end{aligned}
\tag{3.3}
$$

Eingesetzte Technologien

Da insbesondere bei der Definition und der Ermittlung der Anlagenkennzahlen zwingend auch die Anlagentechnik bekannt sein muss, soll nachfolgend eine kurze Beschreibung der maßgeblich eingesetzten Technologien erfolgen. Im Focus stehen die Biomasseanlagen, die einen generellen Anspruch auf Vergütung nach dem EEG haben, insbesondere derer die den KWK-Bonus in Anspruch nehmen. Hier ist aus vergütungstechnischer Sicht zunächst die KWK-Strommenge zu ermitteln, um letztlich den gesamten Vergütungsanspruch der Anlage errechnen zu können. Die Vorgehensweise kann in der hier dargestellten Form auf die meisten derzeit installierten Biomasseanlagen angewandt werden.

4.1 Pflanzenöl-Blockheizkraftwerke

Unter Berücksichtigung der hier betrachteten Nutzung unterscheiden sich Pflanzenöle gegenüber dem fossilen Dieselkraftstoff oder Heizöl hauptsächlich in der Viskosität, dem Heizwert und dem Flammpunkt bzw. der Zündwilligkeit. Während man die Viskosität durch Erwärmen des Pflanzenöls akzeptabel anpassen kann, sind die Einflussmöglichkeiten bei den übrigen genannten Parametern marginal.

Der Heizwert von Pflanzenöl liegt verallgemeinert mit ca. 36.000 $\frac{kJ}{kg}$ (vgl. DIN 51605) um ca. 15 Prozent unter dem von Dieselkraftstoff bzw. Heizöl (ca. 42.600 $\frac{kJ}{kg}$) (vgl. DIN 51603-1). Dies hat zur Folge, dass dem Motor, damit dieser die gleiche Leistung erzeugen kann, eine entsprechend größere Kraftstoffmenge zugeführt werden muss. Grundsätzlich stellt das kein Problem dar, da die Kraftstofffördermenge automatisch durch die Motorsteuerung geregelt wird. Möglicherweise wird jedoch die Maximalleistung des Aggregates durch die maximale Fördermenge des Einspritzsystems beschnitten.

Der Flammpunkt indes liegt höher als bei den beschriebenen fossilen Energieträgern. Die Zündwilligkeit somit kausal niedriger. Hieraus folgert, dass eine höhere Verdichtung erforderlich ist um den Kraftstoff (Pflanzenöl) zu entzünden. Der Grad der Verdichtung kann bei Dieselmaschinen ausschließlich durch den Zeitpunkt der Kraftstoffzufuhr in den Brennraum gesteuert werden. Eine frühere Einspritzung bringt aufgrund der Kolbenbewegung eine längere Komprimierungsphase mit sich, die durch die Verdichtungsarbeit gleichermaßen eine entsprechende Temperaturerhöhung zur Folge hat. Für das Aggregat bedeutet dies einen größeren Aufwand (=Arbeit), was sich zu guter Letzt auf den Wirkungsgrad nachteilig auswirkt.

Abb. 4.1: *Typisches Pflanzenöl-BHKW, Antriebsaggregat Volvo TAD 1642*

Der markanteste Unterschied zwischen den eingesetzten Motorkonzepten besteht in der Art der Kraftstoffzuführung. Während altbewährte Einspritzpumpen eine triviale und somit von (fast) jedem Mechaniker zu reparierende Technik aufweisen, punkten die Hochdrucksysteme (Pumpe-Düse, Common Rail,...) neben verbesserten Abgaswerten, scheinbar mit leicht vorteilhaften Wirkungsgraden, die allerdings üblicherweise mit höheren Wartungs- und Ersatzteilpreisen "erkauft" werden müssen. Die Grundsubstanz fast aller Blockheizkraftwerke hat ihre Ursprünge in der Industrietechnik uns somit in der Großserientechnik (Motor, Generator, Wärmeaustauscher,...).

4.2 Biogas-Blockheizkraftwerke

Bei Biogas-Blockheizkraftwerken sprechen wir in diesem Rahmen von klassischen Anlagen, die am Standort mit dem dort erzeugten Bio(roh)gas ohne weitere Gasaufbereitung betrieben werden. Bei den Motoren werden in aller Regel jene nach dem Otto-Prinzip sowie zweckentfremdete Dieselmaschinen in Form von Zündstrahlmaschinen eingesetzt. Der Einsatz einer Antriebsmaschine nach dem Diesel-Prinzip ist technisch eigentlich nicht möglich, da die Dieselmaschine, auch als "Selbstzünder" bekannt, spezielle Anforderungen an den eingesetzten Kraftstoff stellt. Der Kraftstoff muss sich zum richtigen Zeitpunkt, der maßgeblich durch den Kompressionsdruck bestimmt wird, entzünden. Es bedarf somit einer Abstimmung von Motor und eingesetztem Kraftstoff, damit der Motor überhaupt "funktioniert". Der Einsatz von Brenngasen in Dieselmaschinen ist im allgemeinen nicht möglich, da diese sich bereits bei geringen Kompressionsdrücken entzünden.

Abb. 4.2: *Typisches Biogas-BHKW, Antriebsaggregat MAN E 2848*

Anm.: Von den frühen 30er Jahren bis in die 60er Jahre wurden vielfältige Forschungen mit Prozessgasen (vgl. Kohlevergaser, Holzvergaser) durchgeführt. Hier wurden auch Versuche zur Nutzung von Dieselmaschinen mit diesen Brenngasen teilweise erfolgreich absolviert. Dabei führte man u.a. Inert-Gase (Abgas) zu der Verbrennung zurück, um die Zündfähigkeit/ Zündwilligkeit des Gases herabzusetzen und Frühzündungen zu vermeiden.

Da Diesel-Maschinen den Vorteil einer effektiveren Energieausbeute gegenüber den Otto-Maschinen haben, was auf die höhere Verdichtung als bei den Ottomotoren zurückzuführen ist, wird mit den Zündstrahlkonzepten ein "technischer Spagat" versucht. Bei den Zündstrahlmotoren handelt es sich konstruktiv um Dieselmaschinen, die zu dem eingespritzten Kraftstoff, in diesem Zusammenhang als Inertöl bezeichnet, zusätzlich ein Brenngas über die Verbrennungsluft zugeführt bekommen. Über die zugeführte Zündölmenge wird direkt Einfluss auf die Zündfähigkeit/Zündwilligkeit des Gasgemisches in der Brennkammer genommen, worüber kausal der Zündzeitpunkt beeinflusst wird.

Biogas als Rohgas zählt zu den sogenannten Schwachgasen - der Heizwert beträgt hier nur ca. 6 $\frac{kWh}{m^3}$. Als Vergleich hierzu beträgt der Heizwert von Erdgas ca. 10 $\frac{kWh}{m^3}$. Für die Zündstrahlkonzepte gilt die Grundregel: Je höher der Energiegehalt des Brenngases, desto größer muss die Zündölmenge sein. Irrtümlicher Weise werden diese Maschinen im Sprachgebrauch auch als Zweistoffmaschinen bezeichnet, was jedoch falsch ist, da diese Spezies mit mehreren (in dem Fall zwei) unterschiedlichen Kraftstoffen betrieben werden können (vgl. Vielstoffmotor).

Aufgrund der chemischen Zusammensetzung von Biogas beträgt die Methanzahl bei einem Methananteil von ca. 65 Prozent ungefähr 130. Diese dimensionslose Zahl beschreibt das "Klopfverhalten", oder einfacher ausgedrückt die "Zündwilligkeit" des Biogases und ist als verhältnismäßig niedrig zu bewerten. Aus diesem Grund ist Biogas auch gut für den Einsatz in Otto-Maschinen geeignet. Ein verdichtungsbedingtes Selbstentzünden des Energieträgers ist in diesen Motoren praktisch ausgeschlossen. Durch die Zündkerze, die u.a. einen Ottomotor auszeichnet, muss im Anschluss an den Komprimierungstakt die Zündung des Gas-/ Luftgemisches eingeleitet werden.

Anm.: Gemäß §27 Absatz 1 EEG gilt Pflanzenölmethylester "...in dem Umfang, der zur Anfahr-, Zünd- und Stützfeuerung notwendig ist, als Biomasse". Eine qualitative Aussage zu einer Obergrenze (prozentuale Anteile o.ä.) dieser Zünd- und Stützfeuerung wird vom Gesetzgeber nicht gemacht. Da Bestandsanlagen mit einer Inbetriebnahme vor dem 1.1.2007 generell anstatt dem Pflanzenölmethylester auch Heizöl einsetzen dürfen, dürfte diese Thematik dann diskussionswürdig werden, wenn Zündstrahlmaschinen mit Biomethan betrieben werden sollen und hierzu dann Anteile von 30-40% an Inertöl benötigt werden. Sofern die eingesetzte Motortechnik dies technisch begründet, ist der Forderung des Gesetzgebers zunächst Sorge getragen, denn dieser macht grundsätzlich keine Vorgaben zu den einzusetzenden Technologien. Dabei muss jedoch unbedingt beachtet werden, dass der Anteil der Zünd- und Stützfeuerung, wozu das Inertöl im weitesten Sinne gewertet werden kann, lediglich nur als

Biomasse und nicht wie irrtümlich angenommen als Nachwachsender Rohstoff im Sinne des EEG gilt - auch wenn dies bislang von den Netzbetreibern üblicher Weise nicht differenziert wurde!

4.3   Holzgas-Blockheizkraftwerke

Bei den Holzgas-Blockheizkraftwerken werden die unterschiedlichsten Motorkonzepte von unterschiedlichen Anbietern feilgeboten. Die größte Schwierigkeit beim Holzgas liegt in der Teerbildung. Diese wird u.a. durch ein Abkühlen des Prozessgases unterstützt. Da das Volumen von Gasen mit der Temperatur deutlich zunimmt, und somit der mögliche (energetische) Füllungsgrad eines Motors abnimmt, stellt sich begründeter Weise die Frage nach der Wahl des idealen Kompromisses. Hier hat sich in der jüngeren Vergangenheit bewährt, eher rudimentäre Motoren auch unter Beachtung der Argumente zum Einsatz bei gasförmigen Brennstoffen (vgl. Kapitel 4.2) einzusetzen. Diese besitzen zwar nicht die höchsten Effizienzgrade, jedoch liegen hier die Toleranzgrenzen oder auch die spezifischen Kraftstoffanforderungen qualitativ deutlich hinter modernen Maschinen.

Abb. 4.3: *Defektes Holzgas BHKW, Antriebsaggregat Deutz BF8M*

Stellvertretend benannt werden kann das Fabrikat "Belarus" (osteuropäische/ sowjetische Entwicklung) oder aber die früheren Generationen der MAN- wie auch Deutz-Maschinen (siehe Abbildung 4.3), teilweise ohne Aufladung.

4.4 Biomethan-Blockheizkraftwerke

Bei den Biomethan-Blockheizkraftwerken handelt es sich fast ausschließlich um handelsübliche Erdgasmaschinen, da faktisch Erdgas bzw. auf Erdgasqualität aufbereitetes Biogas verwendet wird. Es wird somit lediglich bilanziell eine Biogasmenge aus dem Erdgasnetz entnommen, die im Wärmeäquivalent an anderer Stelle eingespeist wurde. Dies ist durch den Betreiber gegenüber dem Netzbetreiber mittels geeigneter Dokumente zu belegen.

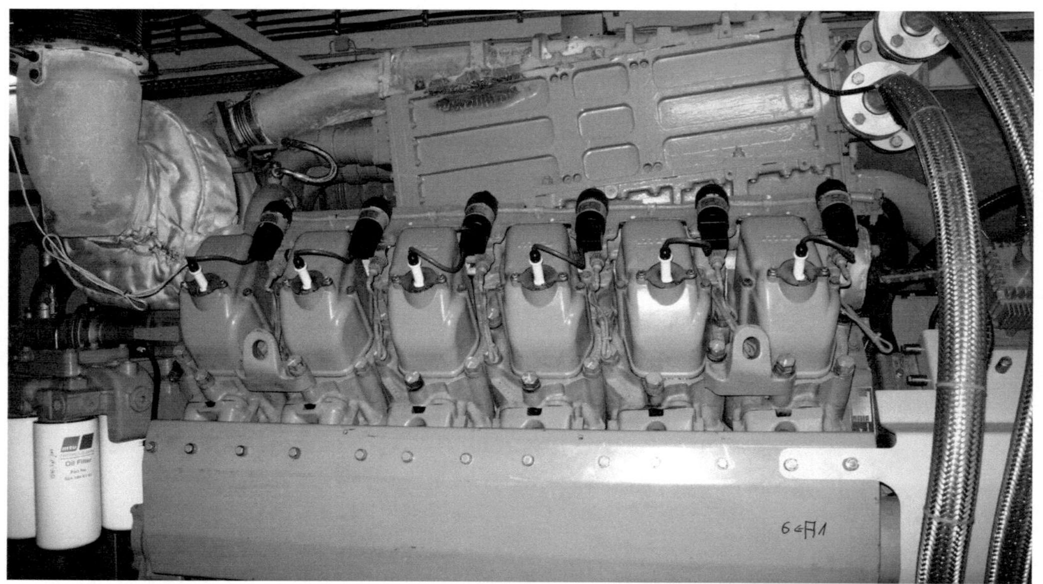

Abb. 4.4: *Gasmaschine, Biomethanbetrieb, MDE*

Aktuell findet der Neu- und Ausbau von Biomethan-BHKW starken Zuspruch. Gleichermaßen werden viele ehemalige Pflanzenöl-BHKW aktuell auf den Biomethanbetrieb umgestellt. Neben der professionellen und nachhaltigen Lösung, den bisherigen Dieselmotor konsequent durch einen Ottomotor zu ersetzen, blühen immer wieder diffuse Umrüstkonzepte auf. Häufig soll durch die Adaption einer Gasregelstrecke und Änderung der Steuerungstechnik der bisherige Pflanzenölmotor auf einen Zündstrahlbetrieb umgebaut werden. Alle diese Konzepte haben gemein, dass bislang weder gesicherte Erkenntnisse zu dem Betrieb vorliegen, noch Klarheit über die Einspeisevergütung besteht. Insbesondere ist die Inanspruchnahme des Bonus für Nachwachsende Rohstoffe zumindest für den Anteil an Zünd- und Stützfeuerung im Allgemeinen äußerst fragwürdig. Da in diesem Kontext das Zündöl die Rolle hat, ein Frühzünden oder generelles Fehlzünden zu verhindern, muss von erheblichen Anteilen (30-40%) ausgegangen werden.

Kapitel 5

Anlagenkennzahlen

Anlagenkennzahlen sind die Basis für eine genaue Analyse des operativen Anlagenbetriebes. Sofern die Kennzahlen im Rahmen eines umfassenden Monitorings erfasst werden, hat der Bediener jederzeit die Möglichkeit, eine Auswertung zu den aktuellen oder den vergangenen Betriebszuständen durchzuführen. Die Tragweite dieser Möglichkeiten ist den wenigsten Betreibern bekannt oder bewußt. Häufig findet sich der Umstand, dass so gut wie keinerlei Dokumentationen geführt werden. Selbst vorhandene Wärmemengenzähler fristen ein klägliches Dasein und werden vielleicht noch im Rahmen einer monatlichen Stichtagsmeldung abgelesen. Gar nicht so selten ist am Jahresende das Erstaunen, wenn unter Umständen die Batterie des Wärmemengenzählers leer und ein Ablesen der Jahresproduktion ohne weiteres nicht mehr möglich ist. Spätestens dann ist guter Rat teuer. Die wichtigste aller Kennzahlen ist zweifelsfrei die eingespeiste Strommenge. Für die Erfassung dieser Strommenge ist der Meßstellenbetreiber (i.d.R. der Netzbetreiber) verantwortlich - so will es der Gesetzgeber. Insofern kann sich der Betreiber in aller Regel schon darauf verlassen, dass zumindest diese Meßeinrichtung ordnungsgemäß funktioniert. Wenn also von einem problemlosen Betrieb ausgegangen wird, sollte sich der Schaden bedingt durch eine defizitäre Dokumentenlage in Grenzen halten. Was aber, wenn zum Beispiel vorhandene Meßeinrichtungen wie der geeichte Strommengenzähler unbemerkt ausfallen? Wie soll der Betreiber eine Beweislage anführen, wenn keinerlei Nachweise vorhanden sind? Spätestens in solchen Fällen, die in der Vergangenheit schon aufgetreten sind, ist es mehr als hilfreich eine umfassende Dokumentation anhand von Meßdaten darlegen zu können. Wir erinnern uns: Die Vergütungsgrundlage gemäß dem EEG ist der eingespeiste Strom. Wenn dieser nicht eindeutig festgestellt werden kann, hat in der Regel der Betreiber das Nachsehen.

5.1   Ermittlung von Anlagenkennzahlen

Die Grundlage einer jeden technischen Anlage bildet die herstellerseitig gelieferte Dokumentation. Grundsätzlich sollte man davon ausgehen können, dass die dort enthaltenen Informationen gewissenhaft und ordentlich ermittelt wurden. Das dies nicht in allen Fällen zutreffend ist, wurde bereits im Vorfeld angedeutet. Um nun eine qualitative Beurteilung der Anlagenkennzahlen durchführen zu können, bedarf es entweder einer gehörigen Portion Erfahrung oder aber die Kenntnis über die Grundlagen, welche zu den Ergebnissen, sprich Kennzahlen geführt haben. Üblicher Weise bedient sich der Anlagenbauer an auf dem Markt angebotenen Komponenten und "komponiert" daraus eine Anlage. Jede der zugekauften Komponenten besitzt üblicher Weise eine Konformitätserklärung und damit auch bestätigte technische Kenndaten. Sofern diese bekannt sind, bzw. in Erfahrung gebracht werden können, sollte es durchaus möglich sein, in einer Art "Kreislaufrechnung", wie sie aus z.B. Turbinenprozessen bekannt sind, die Anlagenkennzahlen rechnerisch zu bestimmen. Von dieser Möglichkeit sollte insbesondere dann Gebrauch gemacht werden, wenn Messergebnisse nicht plausibel sind, die Anlagenkennzahlen angezweifelt werden oder Messergebnisse schlicht und ergreifend nicht vorliegen. Als Beispiel kann durchaus der Wärmebedarf eines Fermenters oder eines Pflanzenöltanks rechnerisch hinreichend genau bestimmt werden. Diese stellvertretend angeführten Wärmesenken wurden regelmäßig nicht mit Wärmemengenzähler ausgerüstet. Diese Messungen waren zwar nicht zwingend erforderlich, aber die Kenntnis hierüber bringt deutliche Vorteile, wie später noch aufgezeigt wird.

5.2   Erfassung von Anlagenkennzahlen

"Dem Fleissigen gehört die Welt". Diese alte Phrase kann ohne wenn und aber auf die Situation des Anlagenbetreibers appliziert werden. Um operative, das heißt den realen Betrieb reflektierende Kennzahlen ermitteln oder herleiten zu können, ist es unbedingt notwendig, die Produktionsergebnisse in einem Bilanzzeitraum zu kennen. Auf der Seite der Stromeinspeisung ist immer ein geeichter Stromzähler installiert. Dieser dient als Grundlage der Berechnung der Einspeisevergütung. Aus Sicht des Erneuerbare-Energien-Gesetz handelt es sich hierbei um die Nettostrommenge. In den meisten Fällen ist die BHKW-Steuerung mit einem zusätzlichen internen, nicht geeichten Stromzähler ausgestattet. Die von diesem erfasste Strommenge beschreibt in aller Regel die erzeugte Bruttostrommenge.

Bei älteren Anlagen wurde die Wärmeauskopplung nicht sehr intensiv überwacht. Dies hatte zur Folge, dass wenn überhaupt, lediglich ein Wärmemengenzähler installiert wurde. Die Installation dieses Zählers erfolgte willkürlich und muß im Einzelfall nachverfolgt werden. Welche Energie somit erfasst wurde muss also individuell eruiert werden. Generell sollten alle Wärmestränge erfasst werden, damit die Brutto-, Netto-, und ggf. Prozess- sowie abgeführte Wärmemenge belegt und nachgewiesen werden können. Auch die Messtechnik hat sich weiter entwickelt. Somit stehen heute komfortable Messeinrichtungen zu Verfügung, die über Netzwerke an einen Rechner angebunden werden können und somit eine sofortige Datenauswertung ermöglichen. Grundsätzlich bringt ein umfangreiches Anlagenmonitoring den Anlagenbetreiber in die Situation, jederzeit zu wissen, welchen Betriebszustand seine Anlage aktuell hat oder zu jedem anderen Zeitpunkt hatte. Eine solche umfassende Dokumentation wird mit den wachsenden Nachweispflichten, die mannigfaltig an den Anlagenbetreiber herangetragen werden, immer größere Bedeutung erlangen. Da verschiedene Abhängigkeiten zwischen den Anlagenkennzahlen herrschen ist es zudem ohne weiteres möglich, mit deren Hilfe Betriebswerte zu extrapolieren. Eine solche Vorgehensweise kann unter Umständen bei Ausfall eines Messgerätes notwendig werden.

5.3   Zusammenhänge der Anlagenkennzahlen

Im Kapitel 3 *"Begriffsbestimmung"* sind die für die KWK-Strommengenberechnung relevanten Begriffe definiert worden. Um die Zusammenhänge auf der einen Seite, und die Wechselwirkungen auf der anderen besser verstehen zu können, dienen insbesondere die in den folgenden Kapiteln dargestellten Abbildungen.

5.3.1   Bruttowärmemenge

Der Abbildung 5.1 können die Partialanteile Nettowärme, Prozesswärme, das abgeführte und das nicht genutzte Wärmepotential entnommen werden. Dabei ist zu beachten, dass diese Darstellung rein qualitativer Natur ist.

Es kann in einer Einzelfallbetrachtung von Anlagen durchaus möglich sein, dass ein oder mehrere Einzelprodukte nicht vorkommen oder auftreten. Die Essenz dieser Darstellung soll nicht mehr aber auch nicht weniger verinnerlichen, als dass die Bruttowärme die Gesamtheit sämtlicher (nutzbar zu machender) Wärmevorkommen ist. Der technische Stand spricht bei Kraft-Wärme-Kopplungsanlagen von

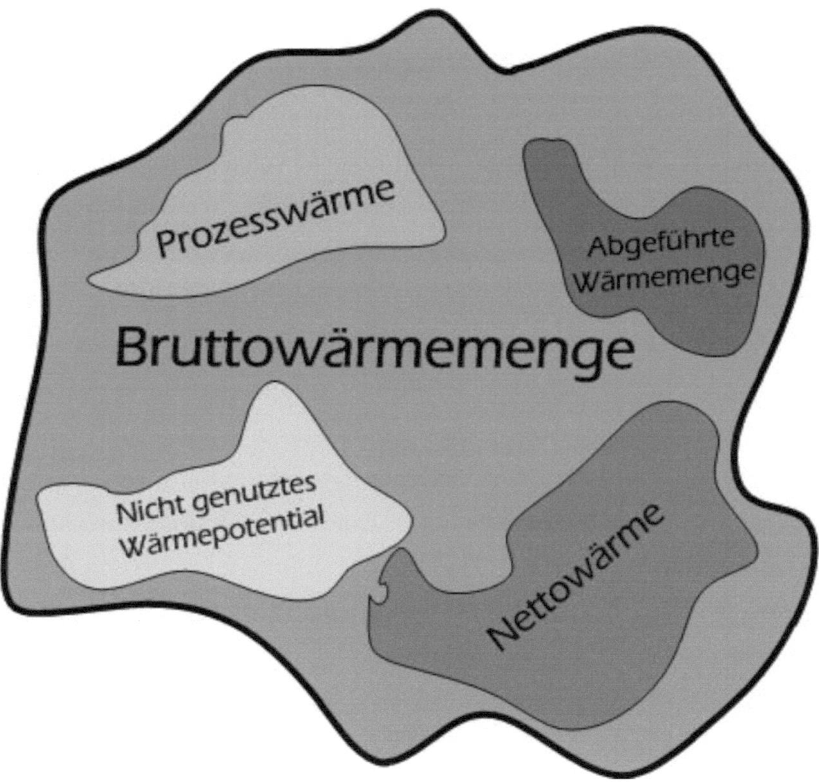

Abb. 5.1: *Abbildung Bruttowärme*

einem thermischen Brutto-Wirkungsgrad von bis zu 50%. Mit diesem Bewusstsein kann rasch eine Anlageneinschätzung zur thermischen Leistungsfähigkeit durchgeführt werden. Hierzu ist zunächst der thermische Nettowirkungsgrad der Anlage zu ermitteln. Überschlägig gilt für diesen bei Werten von:

$>45\%$: Derartig hohe Wirkungsgrade sind grundsätzlich technisch möglich, wobei die Erfahrung zeigt, dass solche Werte von serienmäßig hergestellten Anlagen praktisch nicht erreicht werden.

40-45%: Die thermische Effizienz scheint gut bis sehr gut zu sein, die Anteile an Prozesswärme, der abgeführten Wärme oder des nicht genutzten Wärmepotentials sind in Summe recht gering.

30-40%: Die Anteile an Prozesswärme, abgeführter Wärme oder nicht ausgenutzter Wärmepotentiale sind in Summe deutlich ausgeprägt. Es besteht die Gefahr des Nichterreichens des für die Energiesteuerentlastung gemäß Energiesteuergesetz notwendigen Nutzungsgradnachweises i.H.v 70%. Eine Analyse der thermischen Situation scheint angebracht.

<25%: Es muß davon ausgegangen werden, dass ein technisches Problem vorliegt, da keine der derzeit bekannten Anlagentechniken einen derart hohen Prozesswärmeanteil rechtfertigen würde. Insofern muss auf mindestens einem Weg eine Form der Wärmeabfuhr erfolgen, bewusst oder unbewusst. Unter Effizienzgesichtspunkten sollte das Anlagenkonzept überprüft oder überdacht werden.

5.3.2 Zwischenbetrachtung thermisches Leistungspotential

Um eine qualitative Einschätzung der Anlagenwirkungsgrade, insbesondere der elektrischen und thermischen durchführen zu können, erfolgt an dieser Stelle eine Zwischenbetrachtung mithilfe einer Energiebilanz zweier typischer Dieselaggregate. Dieses auch unter dem Aspekt einen kausalen Zusammenhang zwischen der Abgasresttemperatur und der insgesamt auskoppelbaren Wärmemenge darzustellen.

	Scania DC 16				MAN D 2842			
	angegebene Leistung		Nennleistung		angegebene Leistung		Nennleistung	
Feuerungswärmeleistung [kW]	983		793		1015		948	
mechanische Leistung [kW]	439		354		446		417	
Generatorwirkungsgrad [%]	96		96		96		96	
elektrische Leistung [kW]	421	42,86%	340	42,86%	428	42,18%	400	42,20%
Kühlwasserwärme [kW]	168	17,08%	136	17,08%	192	18,92%	179	18,92%
Abgaswärme [kW]	302	30,71%	244	30,71%	313	30,84%	292	30,84%
Abgastemperatur ['C]	478		478		490		490	
Ladeluftwärme [kW]	84	8,54%	68	8,54%	49	4,83%	46	4,83%

Tab. 5.1: *Leistungskennzahlen Aggregate*

Als Betrachtungsobjekte dienen zum einen das Scania-Aggregat "DC16" und zum anderen das MAN-Aggregat "D2842". Aus den Herstellerdaten der Antriebsaggregate gehen die in der Tabelle 5.1 ersichtlichen Kennwerte hervor. Hier sind die Herstellerangaben linear auf die theoretisch mögliche Leistung im realen Anlagenbetrieb interpoliert. Bei der Abgaswärme muss beachtet werden, dass sich die angegebene Herstellerleistung auf das gesamte Temperaturgefälle bis auf die "Normtemperatur" (20°C) bezieht. In der nachfolgenden Tabelle 5.2 sind dementsprechend die berechneten theoretischen Abgaswärmeleistungen bezogen auf die Abgasresttemperatur dargestellt. Wärmeaustauscherverluste, Anpassungsfehler oder Übertragungsverluste bleiben aufgrund ihrer Individualität unberücksichtigt, können aber leicht 3-5% betragen.

	Abgasresttemperatur [°C]								
	20	50	100	150	175	200	225	250	300
Scania DC16, 340kW									
entspricht Leistung [kW]	244	228	201	175	161	148	135	121	95
Wirkungsgrad	30,77%	28,75%	25,39%	22,04%	20,36%	18,68%	17,00%	15,32%	11,96%
inkl. Kühlwasser	*47,85%*	*45,84%*	*42,48%*	*39,12%*	*37,44%*	*35,76%*	*34,08%*	*32,40%*	*29,04%*
MAN D 2842, 400kW									
entspricht Leistung [kW]	292	273	242	211	196	180	165	149	118
Wirkungsgrad	30,80%	28,84%	25,56%	22,28%	20,64%	19,01%	17,37%	15,73%	12,45%
inkl. Kühlwasser	*49,72%*	*47,75%*	*44,48%*	*41,20%*	*39,56%*	*37,92%*	*36,28%*	*34,64%*	*31,37%*

__Tab. 5.2:__ Wirkungsgrad Abgas

Zur Erleichterung ist zudem in der jeweils untersten Reihe die Prozentuale Summe (=thermischer Wirkungsgrad) aus der Abgaswärme und der Kühlwasserwärme angegeben. Es darf unterstellt werden, dass die Kühlwasserwärme vollständig genutzt wird, da ansonsten der Motor in kurzer Zeit überhitzen würde. Übertragungs- und Anspassungsverluste sind auch hier noch nicht berücksichtigt.

5.3.3 Bruttostrom

Als direkten "Gegenpart" zur Bruttowärme agiert der Bruttostrom. Da bei der Kraft-Wärme-Kopplung immer beide Produkte zeitgleich erzeugt werden, werden diese als "Koppelprodukte" bezeichnet. Bereits aus der visuellen Darstellung der Abbildung 5.2 ist ersichtlich, dass es zu den meisten Partial-Wärmeprodukten korrespondierende Stromprodukte gibt.

Neben dem Nettostrom, im Sinne des EEG entspricht dieser dem eingespeisten Strom, besteht neben einer sogenannten Volleinspeisung, bei der die gesamte elektrische Energie in das öffentliche Netz eingespeist wird, die Möglichkeit der Überschußeinspeisung. Hier werden elektrische Verbraucher innerhalb des Arealnetzes direkt von der in der Anlage erzeugten elektrischen Energie versorgt. Dabei kann es sich um den reinen Eigenbedarf an elektrischer Energie zum Anlagenbetrieb handeln, aber es sich auch um Bedarfe handeln, die unter Beachtung der "Anlagenbilanzgrenze" als Nettostrom im Sinne der Definition gelten. Da vom Gesetzgeber zunächst nur der eingespeiste Strom vergütungsfähig ist, kann sämtlicher erzeugte und auf der Strecke Anlage $\Longleftrightarrow$ Netzverknüpfungspunkt verbrauchte Strom unter "Eigenbedarf" zusammengefasst werden.

Unter den Stromverlusten werden Leitungs- und Transformatorverluste zusammen-

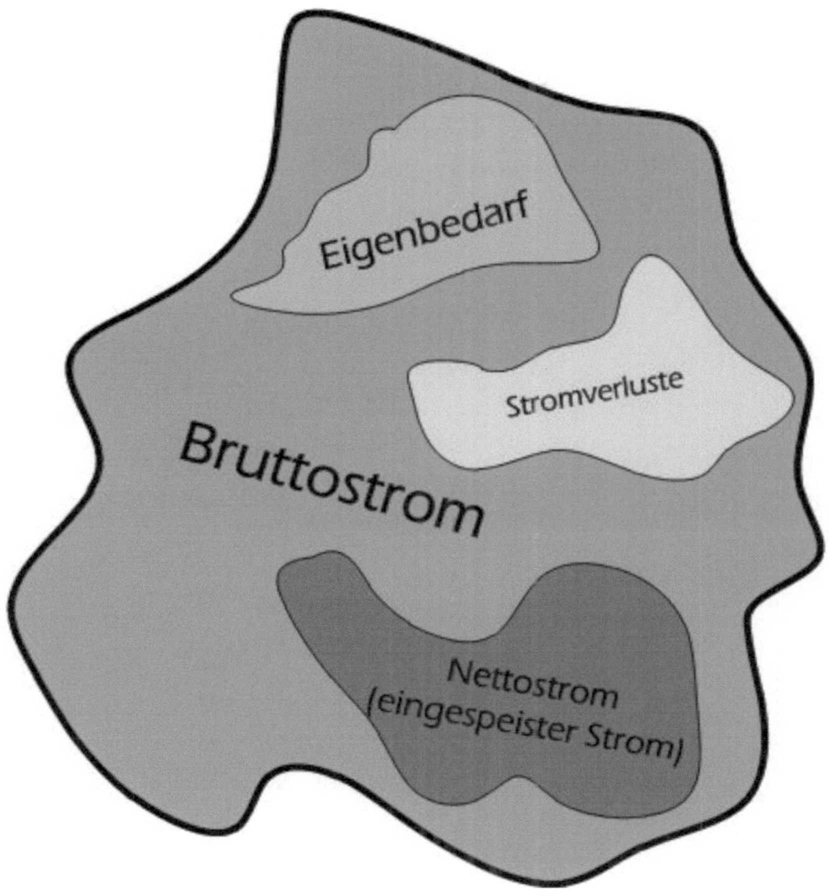

Abb. 5.2: Abbildung Bruttostrom

gefasst. Üblicher Weise (bei Leitungslängen <50 Metern) können die Leitungsverluste, eine qualifizierte Leitungskonfiguration vorausgesetzt, als geringfügig angesehen werden. Anders verhält es sich bei den Transformatorverlusten. Der technische Fortschritt hat bewirkt, dass zwischenzeitig sogenannte "Spartrafos" verfügbar sind, die reale Wirkungsgrade von 99% erreichen. Ältere Vertreter der Transformatoren weisen Wirkungsgrade von gerade einmal 95- 98% auf. Die generelle Fragestellung, ob diese Transformatorverluste von dem Anlagenbetreiber zu tragen sind, führt regelmäßig zu rechtlichen Diskussionen. Dies muss im Einzelfall geklärt werden, wobei grundsätzlich gilt, dass die Transformatorverluste nur dann vom Betreiber getragen werden müssen, wenn der Transformator nicht Bestandteil des öffentlichen Netzes ist.

5.4   Wechselwirkungen der Anlagenkennzahlen

Nachdem die unterschiedlichen Energieprodukte dezidiert betrachtet wurden, erfolgt nun eine Analyse der kausalen Zusammenhänge. Hierzu erfolgt eine direkte Gegenüberstellung der thermischen und elektrischen Energieprodukte.

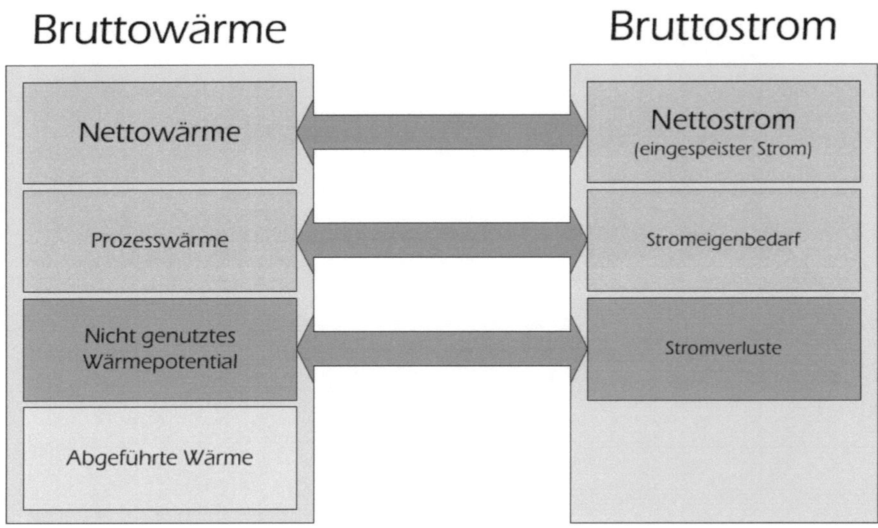

Abb. 5.3: *Darstellung Gegenüberstellung*

Während der Nettostrom eindeutig seinen "Partner" in der Nettowärme und der Stromeigenbedarf ihn in der Prozesswärme gefunden hat, ist eine direkte Gegenüberstellung der übrigen Produkte nur eingeschränkt möglich. Die Stromverluste sind hier dem nicht genutzten Wärmepotential gegenüber gestellt. Der Grund hierfür liegt in den zunächst für den Betreiber nicht direkt zu beeinflussenden konstruktiven Merkmalen. Für die Anlagenkonstruktion und -konfiguration ist alleine der Anlagenhersteller verantwortlich.

Die Installation der Messeinrichtung zur Erfassung des eingespeisten Stroms wurde üblicher Weise durch den Netzbetreiber durchgeführt. Die wenigsten Betreiber haben von Ihrer Einflussmöglichkeit in diesem Aspekt Gebrauch gemacht. Die abgeführte Wärmemenge indes kann konstruktiv oder auch strategisch vorgegeben sein, wie es zum Beispiel bei einer stromgeführten Betriebsweise üblich ist. Sofern die Steuerungstechnik der Anlage es ermöglicht, kann selbiges auch durch gezieltes Einwirken des Betreibers hervorgerufen werden. Dieses Argument hat keinen "Partner" im Stromlager, da man elektrischen Strom im Gegensatz zu Wärme nicht einfach ohne elektrische Verbraucher an die Umgebung abgeben kann (vgl. Energieerhaltungssatz).

Da der Gesetzgeber zur Bestimmung der KWK-Strommenge lediglich die Nettowärme als Führungsgröße heranzieht, bleiben sämtliche übrigen Wärmenutzungen, bzw. Wärmeabgaben außen vor. Zudem beschreibt die Anlage 3 zum EEG 2009 eine sogenannte "Negativliste" zu einschlägigen Wärmenutzungen. Sollte eine solche Wärmenutzung vorliegend sein, wäre dies schädlich für die gesamte KWK-Strom-Vergütung.

Bei den Stromprodukten stellt die in das Netz eingespeiste Strommenge (elektrische Arbeit) die Bezugsgröße dar, da ausschließlich diese vergütet werden kann. Unter Berücksichtigung der vorgenannten Aspekte werden in der folgenden Abbildung 5.4 die Kennzahlen auf die wesentlichen reduziert.

Anm.: In Einzelfällen sind seitens der Netzbetreiber die Nettowärmemengen und nicht die eingespeiste KWK-Strommenge als Grundlage der Vergütungsberechnungen herangezogen worden, was unzweifelhaft nicht korrekt ist. Spätestens wenn die Nettowärmemenge größer war als die eingespeiste Strommenge hätte dies an und für sich auffallen müssen...

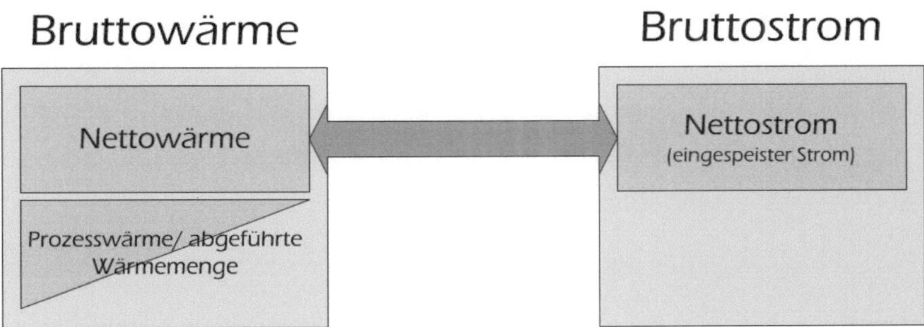

Abb. 5.4: *Darstellung "reduzierte" Gegenüberstellung*

In Abbildung 5.4 werden die Kennzahlen beschrieben, die zunächst zur KWK-Strom-Ermittlung erforderlich sind. An und für sich ist die Prozesswärmemenge/abgeführte Wärmemenge hierzu nicht zwingend erforderlich, jedoch kann mithilfe dieser, wie die nachfolgenden Ausführungen noch zeigen werden, über eine Verhältnisberechnung die KWK-Strommenge sehr präzise berechnet werden.

Kapitel **6**

KWK-Strom-Berechnungen

Wie eingangs beschrieben gibt es eine Reihe von Möglichkeiten zur Ermittlung der KWK-Strommenge. Der Gesetzgeber beschreibt hierzu eine sehr triviale Berechnungsvariante im Gesetzestext des EEG 2009. Generell kann mit dieser Anleitung eine KWK-Strommenge ermittelt werden. Inwiefern dieses Resultat für den Anlagenbetreiber befriedigend sein wird, kann letztlich nur durch Vergleichsrechnungen eruiert werden. Hierzu dürfte den Betreibern in aller Regel die notwendige Fachkunde fehlen. Somit ist es für diese kaum möglich die Qualität der Berechnung zu beurteilen. Die umfangreichere, aber auch genauere KWK-Strom-Berechnung wird in dem Arbeitsblatt FW 308 der Arbeitsgemeinschaft für Wärme und Heizkraftwirtschaft AGFW e.V. beschrieben.

Ungeachtet des Berechnungsweges wird jedoch immer vorausgesetzt, dass die benötigten Anlagen- oder Betriebskennzahlen dem Berechnenden vorliegen. Im täglichen Leben sieht dies jedoch häufig anders aus. Es wurde bereits beschrieben, dass häufig die Anlagendokumentation als problematisch gewertet werden muss. In vielen Fällen ist es dennoch mit Hilfe einfacher mathematischer Regeln möglich, entsprechende Kennzahlen herzuleiten. Zu den jeweiligen Berechnungsvarianten werden jeweils die Vor- und Nachteile angeführt.

6.1 Berechnung gemäß EEG 2009

In der Anlage 3 I Satz 1 EEG 2009 wird mit dem Wortlaut: *"...es sich um Strom im Sinne von §3 Abs. 4 des Kraft-Wärme-Kopplungsgesetzes handelt..."* auf das Kraft-Wärme-Kopplungsgesetz (KWKG)verwiesen. In diesem wird ausgeführt: *"KWK-Strom ist das rechnerische Produkt aus Nutzwärme und Stromkennzahl der KWK-Anlage ..."*.

Gemäß dem Kraft-Wärme-Kopplungsgesetz ergibt sich somit die Gleichung:

$$KWK - Strom = Nutzwärme * Stromkennzahl \tag{6.1}$$

Unter Berücksichtigung der Begriffsdefinitionen gemäß EEG 2009 lautet die transponierte Gleichung:

$$KWK - Strom = Nettowärme * Stromkennzahl \tag{6.2}$$

Die abgekürzte Schreibweise gemäß den Abkürzungen des FW 308 lautet:

$$A_{BneKWK} = Q_{Bne} * \sigma \tag{6.3}$$

Jede der Gleichungen 6.1, 6.2 und 6.3 führt grundsätzlich zum gleichen Ergebnis. Für alle weiteren Berechnungen wird die Variantenstruktur sofern erforderlich beibehalten.

Vorteile:

- Schnelle und triviale Berechnungsanleitung.

- Es werden lediglich die Herstellerangaben und die Netto- bzw. Nutzwärme als operative Betriebskennzahl benötigt (i.d.R. der Zählwert des Wärmemengenzählers).

Nachteile:

- Ein korrektes Rechnungsergebnis setzt korrekte Herstellerangaben voraus, was in den meisten Fällen nicht gegeben ist.

- Speziell die Stromkennzahl ist durch die Hersteller üblicher Weise mithilfe der Anlagennennleistungen Strom und Wärme errechnet worden. Dabei handelt es sich definitionsgemäß um die leistungsbezogene Stromkennzahl gemäß dem FW 308. Sofern diese Kennzahl tatsächlich das Leistungsvermögen der Anlage reflektiert spricht nichts gegen die Anwendung der leistungsbezogenen Stromkennzahl - auch wenn diese einen idealisierten (statischen) Anlagenbetrieb beschreibt. Leider muss erfahrungsgemäß davon ausgegangen werden, dass die vorausgesetzten Kennzahlen insbesondere die thermische Leistung eher theoretischer Natur ist, und allzu oft deutlich vom tatsächlichen Leistungsvermögen der Anlage abweicht. Das Berechnungsergebnis kann demzufolge nur ein falsches Ergebnis liefern.

- Da häufig keine hydraulischen Schaltpläne der Anlagen vorliegen, muss vor Ort überprüft und sichergestellt werden, welche Wärmemengen tatsächlich von den Wärmemengenzählern erfasst werden um diese entsprechend korrekt anzuwenden.

Bewertung:

Bei dieser Berechnungsvariante ist die Gefahr sehr groß, dass die KWK-Strommenge mit größter Wahrscheinlichkeit nicht korrekt bestimmt werden kann. Wie die Erfahrungswerte zeigen, liegen die Betriebskennwerte der Anlagen mitunter deutlich hinter den Herstellerangaben. Da dies insbesondere auf die thermische Leistungsfähigkeit zutreffend ist, muss somit die berechnete KWK-Strommenge ebenfalls deutlich hinter der real erzeugten KWK-Strommenge liegen. Aus vergütungstechnischer Sicht wirkt sich dies regelmäßig zum Nachteil des Betreibers aus.

6.2 Berechnung gemäß FW 308

In diesem Abschnitt wird die KWK-Strom-Berechnung nach dem AGFW | Der Energieeffizienzverband für Wärme, Kälte und KWK e.V. Arbeitsblatt FW 308 näher beleuchtet. Dazu muss angemerkt werden, dass das FW 308 die Gesamtheit der Energieerzeugungsanlagen abdeckt und insofern diese Anleitung als allgemeingültig angesehen werden kann. Gleichzeitig muss unbedingt beachtet werden, dass der aus dem EEG 2009 abgeleitete "Bilanzkreis" der Anlage nicht identisch mit dem definierten Bilanzkreis der Anlagen gemäß dem FW 308 ist. So sind nach Auffassung des FW 308 sämtliche der KWK-Anlage vorgelagerte Prozesse wie z.B. Brennstoffaufbereitung, Brennstofferzeugung im Fermenter und auch alle nachgelagerten Prozesse zur Nutzung der erzeugten Energien wie z.B. Gasaufbereitung explizit nicht Bestandteil der Anlage. Ergo ist sämtliche in diesen Prozessen genutzte Energie aus Sicht der Anlage Nettostrom bzw. Nettowärme des KWK-Prozesses. Genau diese Prozesse inkludiert das EEG 2009 in den Bilanzkreis der Anlage. Somit gelten hier diese Energienutzungen als Prozessenergie bzw. Eigenbedarf und werden bei der Bilanzierung mit berücksichtigt.

6.2.1 Plausibilisierung der Herstellerangaben

Aufgrund der Kenntnis über die Tatsache, dass die Herstellerangaben, insbesondere die Stromkennzahl, häufig nicht nach "Anerkannten Regeln der Technik" ermittelt wurden, sollten die angegebenen wesentlichen Kennzahlen mithilfe einer Plausibilitätsprüfung untersucht und ggf. korrigiert werden. Als Prüfungsmethoden stehen folgende zu Verfügung:

1. Herleitung aus Auslegungsdaten/ Herstellerunterlagen,

2. Messung oder

3. thermodynamische Kreislaufrechnungen.

Da es sich bei den überwiegenden KWK-Anlagen um Motorverbrennungsanlagen handelt und die Motordaten über die Hersteller in aller Regel zu Verfügung gestellt werden, kann zumindest die mechanische und auch die thermische Leistungsfähigkeit des Motors abgeleitet werden. Mit Kenntnis weiterer Anlagenkomponenten läßt sich hiermit eine Anlagenberechnung, die einer thermodynamischer Kreislaufrechnung gleichbedeutend ist, durchführen.

Dazu hat sich folgende Vorgehensweise bewährt:

1. Die Motor-Dauerleistung, in aller Regel als COP (Continous Power) Leistung bezeichnet, wird mit dem Generatorwirkungsgrad multipliziert.

$$P_{el} = P_{mech} * \eta_{Geno} \tag{6.4}$$

   P_{el}: Elektrische Anlagenleistung

   P_{mech}: Mechanische Motorleistung

   η_{Geno}: Generatorwirkungsgrad

   Als Ergebnis erhält man die maximale elektrische Dauerleistung.

2. Als technischer Stand der Wärmeauskopplung kann die vollständige Nutzung der Kühlwasserwärme und die Nutzung der Abgaswärme bis auf ein Temperaturniveau von 180° Celsius unterstellt werden. Üblicher Weise wird von den

Motor- Herstellern die gesamte Abgaswärme, also Austrittstemperatur am Zylinder gegenüber Normaltemperatur angegeben. Diese ist nun auf das standortspezifisch bzw. anlagenspezifisch mögliche Temperaturgefälle anzupassen. Über die Gleichung 6.5 "Wärmemengenberechnung" kann dies über den thermodynamischen Weg erfolgen, alternativ kann jedoch ebenfalls ein trivialer mathematischer Dreisatz gemäß Gleichung 6.6 angewandt werden.

$$Q = m * c * \Delta\vartheta \tag{6.5}$$

Q: Wärmemenge in [Wh] oder [J]

m: Masse in [kg]

c: spezifische Wärmekapazität in $[\frac{Wh}{kg*K}]$

$\Delta\vartheta$: nutzbare Temperaturdifferenz ($\vartheta1 - \vartheta2$)

$$Q_{nutz} = \frac{Q_{angegeben}}{\vartheta_{angegeben}} * \vartheta_{nutzbar} \tag{6.6}$$

$Q_{angegeben}$: Angegebene Wärmemenge in [kW]

$\vartheta_{angegeben}$: Angegebene Temperaturdifferenz: *Abgastemperatur* abzüglich *Normtemperatur* (20°C) in [K]

$\vartheta_{nutzbar}$: Nutzbare Temperaturdifferenz: *Abgastemperatur* abzüglich *notwendige Resttemperatur* (i.d.R. 180°C)

Als Ergebnis erhält man die nutzbare Abgaswärme.

3. Durch aufsummieren der Kühlwasserwärme und der Abgaswärme erhält man die gesamte theoretisch nutzbar zu machende Wärmeleistung der Anlage. Sofern der Anlagenhersteller eine weitere Wärmequelle wie z.B. Ladeluftkühler oder Gemischkühler mit in den Wärmekreislauf eingebunden hat, muss diese Wärmemenge selbstverständlich ebenfalls aufsummiert werden.

$$Q_{gesamt} = Q_{Abgas} + Q_{Kühlwasser} + Q_{...} \tag{6.7}$$

4. Die tatsächliche thermische Leistung der Anlage wird von weiteren nicht zu vermeidenden Verlusten beschnitten. Hierzu zählen vor allem die Wärmeaustauscherverluste (Rohrbündelwärmeaustauscher für Abgas und Plattenwärmetauscher für Kühlwasser), die gemittelt mit 5% angenommen werden können.

$$Q_{nutzbar} = Q_{gesamt} * (100 - 5)\% \tag{6.8}$$

Die entsprechende Multiplikation nach Gleichung 6.8 führt letztlich zu der theoretisch möglichen Nutzwärmeleistung der Anlage.

6.2.2　Bestimmung der leistungsbezogenen Stromkennzahl

Nachdem die originären Leistungskennzahlen der Anlage rechnerisch plausibilisiert bzw. hergeleitet wurden, kann nun die Stromkennzahl der Anlage bestimmt werden. Da es sich bei den hergeleiteten Kennwerten um die maximale Dauerleistungsfähigkeit der Anlage handelt entspricht die somit ermittelte Stromkennzahl der leistungsbezogenen Brutto-Stromkennzahl. Die formal korrekte Berechnung lautet:

$$\sigma_{br} = \frac{A_{br}}{Q_{br}} \qquad (6.9)$$

σ_{br}: Bruttostromkennzahl

A_{br}: Elektrische Bruttoleistung [kW]

Q_{br}: Thermische Bruttoleistung [kW]

Diese hergeleitete Brutto-Stromkennzahl entspricht zumindest bei den allermeisten Anlagen serienmäßiger Herstellung der Hersteller-Stromkennzahl. Eine direkte Anwendung dieser Stromkennzahl im Berechnungsverfahren des FW 308 ist jedoch nicht möglich, da die dort definierte leistungs- und arbeitsbezogene Stromkennzahl ausschließlich auf den anlagenextern bereitgestellen Leistungen, also den Nettoleistungen, beruht.

Da die hier genannte Berechnung zunächst nur der Plausibilisierung der Herstellerangaben dient, sollten sich diese angegebenen Werte mit den errechneten in "Augenhöhe" befinden. Sollte eine signifikante Abweichung resultieren, sind die Herstellerangaben in Frage zu stellen.

Mit der ermittelten leistungsbezogenen Stromkennzahl kann direkt auch eine Bewertung bzw. ein Vergleich der KWK-Anlage qualitativ erfolgen.

6.2.3　Bestimmung der arbeitsbezogenen Stromkennzahl

Der feine aber maßgebliche Unterschied der arbeitsbezogenen zur leistungsbezogenen Stromkennzahl ist später von maßgeblicher Bedeutung, daher hier die dezidierte Definition gemäß dem FW 308:

- **Leistungsbezogene Stromkennzahl:** Ermittlung durch Messung in einer Meßzeit, durch Messung oder Kreislaufrechnung.

- **Arbeitsbezogene Stromkennzahl:** Ermittlung in einer Berichtszeit anhand von operativen Betriebswerten.

Die Ermittlung der arbeitsbezogenen Stromkennzahl erfolgt somit unter Nutzung der Arbeitswerte [kWh] in einer Berichtszeit.

→ *Es ist bei der Berechnung darauf zu achten, dass Arbeitskennzahlen nicht mit Leistungskennzahlen vermengt werden!*

<u>Kommentar:</u> *Hier wird nochmals deutlich, dass es sich bei der leistungsbezogenen Stromkennzahl um einen eher theoretischen Wert handelt. Die arbeitsbezogene Stromkennzahl hingegen reflektiert den operativen Betrieb innerhalb einer Berichtszeit und stellt somit reale Kenngrößen bereit. Die Plausibilisierung der Herstellerdaten kann zunächst nur annähernde Resultate erbringen. In der Praxis stellt sich regelmäßig heraus, dass die Herstellerkennzahlen sich keineswegs mit den operativen Kennzahlen decken. Entsprechende Meßreihen und Untersuchungen des Autors bestätigen diese Tatsache mit erschreckenden Resultaten. Zusammenfassend kann festgestellt werden, dass insbesondere die Wärmeleistungen vieler Anlagen deutlich hinter den Zusicherungen der Hersteller liegen. Abweichungen von bis zu 20% sind eher die Regel als die Ausnahme. Sofern in einem solchen Fall die arbeitsbezogene Stromkennzahl aufgrund von Anlagenkennzahlen eindeutig ermittelt werden kann, ist diese in jedem Fall der Herstellerangabe vorzuziehen - ungeachtet der Wertigkeit gegenüber der herstellerseitig angegebenen leistungsbezogenen Stromkennzahl.*

Zur Berechnung der arbeitsbezogenen Stromkennzahl sind die operativen Betriebswerte einer Berichtszeit erforderlich. Die Berichtszeit kann willkürlich gewählt werden, es bietet sich jedoch an, diese auf die Zeitjahre abzustellen. Üblicher Weise können die erzeugten Strommengen exakt durch die von den Netzbetreibern bzw. das Energieversorgungsunternehmen installierten Lastgangzähler und den zugehörigen Lastgangdaten ermittelt, oder aber - im einfachsten Fall - der Jahresabrechnung entnommen werden. Die Nettowärmemenge hingegen ist durch Dokumentation der Zählerstände der Wärmemengenzähler zu ermitteln. Analog zur leistungsbezogenen Stromkennzahl kann auch die arbeitsbezogene Stromkennzahl ergänzend für den KWK-Anteil bestimmt werden.

Arbeitsbezogene Stromkennzahl:

$$\sigma_A = \frac{A_{Bbr}}{Q_{Bbr}} \tag{6.10}$$

σ_A: arbeitsbezogene Stromkennzahl

A_{Bbr}: elektrische Energieerzeugung, brutto [kWh]

Q_{Bbr}: Bruttowärmeerzeugung [kWh]

6.2.4 Fallentscheidung Stromkennzahlen

Beiläufig wird in den Ausführungen des FW 308 eine "Anlagenbezogene Stromkennzahl" benannt. Diese ist der Definition folgend gleichbedeutend mit der
KWK-Stromkennzahl von EEG-Anlagen. Eine weitere Differenzierung ist dann
erforderlich, wenn von der KWK-Nettostrommenge Anteile ausserhalb der Anlage, aber innerhalb eines Arealnetzes verbraucht werden und somit nicht in das
öffentliche Netz eingespeist werden. Dieser "Sonderfall" wird in einem späteren
Absatz separat näher beleuchtet. Im Rahmen der KWK-Strom-Berechnung ist
die ordentlich ermittelte arbeitsbezogene Stromkennzahl mit der leistungsbezogenen abzugleichen. Wie in Kapitel 3.13 erläutert stellt die leistungsbezogene
Stromkennzahl bei den hier betrachteten BHKW-Anlagen eine Grenze dar und
kann von der arbeitsbezogenen nicht unterschritten werden. Es können somit
zwei mögliche Zustände mit entsprechenden Konsequenzen auftreten:

$\sigma_{neKWKA} < \sigma_{neKWK}$: Die arbeitsbezogene Stromkennzahl ist <u>kleiner</u> als die
leistungsbezogene Stromkennzahl: Für die weitere Berechnung der KWK-
Strommenge ist die leistungsbezogene zu verwenden, da definitionsgemäß
dieser Zustand nicht möglich ist. Da die Betriebskennzahlen den Realbe-
trieb widerspiegeln, sollte die Berechnung der leistungsbezogenen Stromkennzahl einer erneuten Prüfung unterzogen werden. Unter Umständen
kann es notwendig werden eine messtechnische Überprüfung der Anlage
durchzuführen.

$\sigma_{neKWKA} > \sigma_{neKWK}$: Die arbeitsbezogene Stromkennzahl ist <u>größer</u> als die
leistungsbezogene Stromkennzahl: Für die weitere Berechnung der KWK-
Strommenge ist die arbeitsbezogene Stromkennzahl zu verwenden. Bei
einer wesentlichen Abweichung der Stromkennzahlen ist eine Verifizierung
der Anlagenkennzahlen unter Umständen messtechnisch erforderlich.

6.2.5 KWK-Strom-Berechnung

Im letzten Schritt der KWK-Strom-Berechnung steht nun die Multiplikation der Nettowärme-/ Nutzwärmemenge mit der Stromkennzahl an. Ob nun die leistungsbezogene oder aber die arbeitsbezogene Stromkennzahl als Multiplikator eingesetzt wird hängt von obig beschriebener Fallentscheidung ab.

In jedem Fall wird die Berechnung nach bekanntem Schema:

$$KWK - Strom = Nettowärme * Stromkennzahl \qquad (6.11)$$

durchgeführt. Der maßgebliche Unterschied liegt nun in der Anwendung der korrekten und verifizierten Stromkennzahl wie vor beschrieben. In der Formelschreibweise stellt sich dies wie folgt dar:

Für den ersten möglichen Fall (Nutzung der leistungsbezogenen Stromkennzahl) gilt:

$$A_{BneKWK} = Q_{BneKWK} * \sigma \qquad (6.12)$$

Für den zweiten möglichen Fall (Nutzung der arbeitsbezogenen Stromkennzahl) gilt:

$$A_{BneKWK} = Q_{BneKWK} * \sigma_A \qquad (6.13)$$

Das Ergebnis liefert die KWK-Strommenge die im Falle einer Volleinspeisung auch der mit dem KWK-Bonus gemäß Anlage 3, EEG 2009 zu vergütenden KWK-Strommenge entspricht (sofern die sonstigen Voraussetzungen erfüllt sind). Der mögliche Fall der Überschusseinspeisung wird später näher beleuchtet.

Vorteile:

- Sehr genaue Variante zur KWK-Strom-Ermittlung
- Neben der reinen KWK-Stromermittlung können weitere Kennzahlen im Rahmen der Berechnungen abgeleitet werden. Hieraus resultiert ein deutlicher Kenntnisgewinn.

Nachteile:

- Unter Umständen ein extrem aufwendiger und zeitintensiver Berechnungsgang.

- Eine Reihe von Kennzahlen bzw. Unterlagen sind zur Durchführung notwendig, die unter Umständen zunächst hergeleitet, berechnet oder auf anderem Wege ermittelt werden müssen.

Bewertung:

Diese Berechnungsvariante reflektiert den realen Anlagenbetrieb. Unter Umständen sind die Betreiber über die präsentierten Resultate etwas verblüfft, da ja durch die Unkenntnis der Qualität des Anlagenbetriebes zunächst eine subjektive - üblicher Weise positive Meinung vorherrschte.

6.3 Berechnung gemäß Kraft-Wärme-Kopplungsgesetz

Eine weitere Möglichkeit zur Bestimmung der KWK-Strommenge läßt sich aus dem Wortlaut des Kraft-Wärme-Kopplungsgesetz ableiten. Im §3 "Begriffsbestimmungen" heißt es in Satz 7 "...Die KWK-Nettostromerzeugung entspricht [...] dem Teil der Nettostromerzeugung der pyhsikalisch unmittelbar mit der Erzeugung der Nutzwärme gekoppelt ist." Dies soll die folgende Grafik 6.3 verdeutlichen.

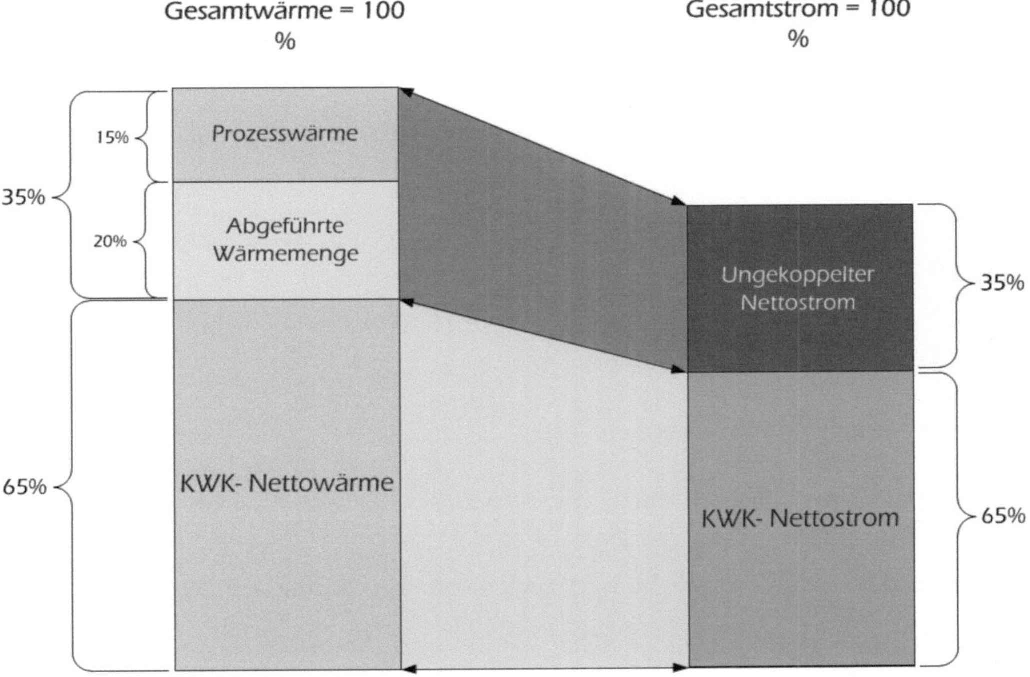

Abb. 6.1: *Strom-/ Wärmeverhältnis*

Vom Grundverständnis müssen folgende Aspekte gefestigt sein:

1. Es gibt eine unmittelbare Abhängigkeit der Erzeugungsprodukte Strom und Wärme.

2. Hieraus folgt, dass einer 100%igen Strommenge ein 100%iges Äquivalent an Wärmemenge gegenübersteht $\Rightarrow$ Kraft-Wärme-Kopplung.

3. Der Anteil an KWK- Nettowärme läßt sich direkt zu gleichem Anteil auf die erzeugte Strommenge abbilden.

4. Ebenso gilt dies für sonstige- nicht im Sinne der Gesetzgebung vergütungsfähigen Wärmemenge.

5. Sämtliche Regelungen gelten auch im umgekehrten Fall, sind somit also reversibel.

Mit dieser Kenntnis ist es nun möglich, in sehr vielen Fällen, sei es bei Ausfall einer Wärmemengenmessung, einer Strommessung, usw., eine hinreichend genaue KWK-Strom-Ermittlung durchzuführen. Somit widmen sich die folgenden Abschnitte der KWK-Strom-Ermittlung über die Abhängigkeitsverhältnisse und Berechnungsgrundsätze der Mengenlehre, die gänzlich auf der oben genannten Definition gründen. Der Vorteil dieser Berechnungsvariante liegt darin, dass keine Stromkennzahl bekannt sein muss.

6.3.1 Ermittlung über Brutto-/ Nettowärmemengen

Anwendungsfall: Falsche Herstellerangaben insbesondere Stromkennzahl

Bekannt sein müssen folgend Kennzahlen:

- Kenntnis der KWK-Nettowärmemenge

- Kenntnis der Prozesswärmemenge

- Kenntnis der Abgeführten Wärmemenge

Grundsätzlich berechnet sich die Bruttowärmemenge als Summe aller Partial- Wärmemengen.

$$Bruttowärme = Prozesswärme + AbgeführteWärmemenge +$$
$$KWK - Nettowärme \tag{6.14}$$
$$Q_{Bbr} = Q_{Eig} + Q_{Ab} + Q_{BneKWK}$$

Je nach Einbausituation beinhaltet die von einem Wärmemengenzähler erfasste Wärmemenge ebenfalls die Prozesswärmemenge. Dieser Umstand muss dann entsprechend in der folgenden Berechnung berücksichtigt werden.

Ausdruck der Verhältnismäßigkeiten: Das Verhältnis der KWK-Nettowärmemenge zur Bruttowärmemenge entspricht dem Verhältnis der KWK-Nettostrommenge zur Nettostrommenge.

$$\frac{KWK - Nettowärme}{Bruttowärme} = \frac{KWK - Nettostrom}{Nettostrom}$$

$$\frac{Q_{BneKWK}}{Q_{Bbr}} = \frac{A_{BneKWK}}{A_{Bne}} \tag{6.15}$$

Nach einfacher Umstellung der Gleichung erhält man:

$$KWK - Nettostrom = \frac{KWK - Nettowärme}{Bruttowärme} * Nettostrom$$

$$A_{BneKWK} = \frac{Q_{BneKWK}}{Q_{Bbr}} * A_{Bne} \tag{6.16}$$

Vorteile:

- Schnelle und recht einfache Berechnungsanleitung.

- Es werden lediglich operative Meßwerte benötigt.

- Herstellerangaben oder sonstige Angaben Dritter werden nicht benötigt.

- Sehr genaues Rechnungsergebnis.

Nachteile:

- Nur anwendbar, wenn sämtliche Wärmesenken bekannt sind bzw. hinreichend genau ermittelt werden können.

Bewertung:

Insgesamt macht dieser Berechnungsweg den "Spagat" zwischen der schnellen aber ungenauen Berechnung mittels Stromkennzahl und der sehr genauen aber zeitaufwendigen Berechnung mittels FW 308. Dieser Berechnungsweg kann auch ohne tiefgreifende Fachkunde über die Anlagentechnik durchgeführt werden. Natürlich ist ein gewisses Grundverständnis der Zusammenhänge notwendig.

6.4 Sonderfälle

6.4.1 Überschusseinspeisung/ Stromverbrauch im Arealnetz

Gerade bei Anlagen, die in ein bestehendes Arealnetz integriert wurden, ist häufig eine sogenannte Überschusseinspeisung realisiert worden. Aus verschiedenen Gründen, die technische oder praktische Hintergründe haben können, wurden auf der Strecke von der Anlage bis zum Netzverknüpfungspunkt elektrische Verbraucher "abgezweigt". Bei dem dort verbrauchten Strom handelt es sich womöglich um KWK-Nettostrom, der durch die Anlage erzeugt wurde. Demzufolge wird nicht die gesamte KWK-Nettostrommenge in das öffentliche Netz eingespeist. Da der Gesetzgeber jedoch nur den eingespeisten Strom vergütet muss nun festgestellt werden ob es sich bei der resultierenden eingespeisten Strommenge ausschließlich um KWK-Strom handelt oder ob etwa noch Anteile ungekoppelter Stromerzeugung, z.B. aufgrund von Prozesswärmebedarfen oder abgeführten Wärmemengen, in dieser Einspeisemenge enthalten sind. Sofern bei der gesamten Nettostromerzeugung ungekoppelte Strommengen enthalten sind, könnte der Anlagenbetreiber versuchen, die im Arealnetz verbrauchte Strommenge in erster Linie als ungekoppelte Strommenge zu deklarieren, mit dem Ziel, dass möglichst die gesamte eingespeiste Strommenge als KWK-Nettostrommenge von dem zuständigen Netzbetreiber anerkannt wird. Einen stichhaltigen Beweis hierfür kann der Betreiber selbstredend nicht liefern. Aus diesem Grund hat es sich in solchen Fällen als praxistauglich erwiesen, die KWK-Nettostrommenge für den eingespeisten Strom über die Gewichtungsmethode zu ermitteln. Dies hat zur Folge, dass der Anteil der ungekoppelten Stromerzeugung anteilig auf die im Arealnetz verbrauchten, wie auch in das öffentliche Netz eingespeisten elektrischen Energie aufgeteilt wird.

Als erster Schritt muss die KWK-Nettostrommenge nach einer der vorhergehenden Beschreibungen ermittelt werden. Als Zwischenergebnis müsste dann mindestens die

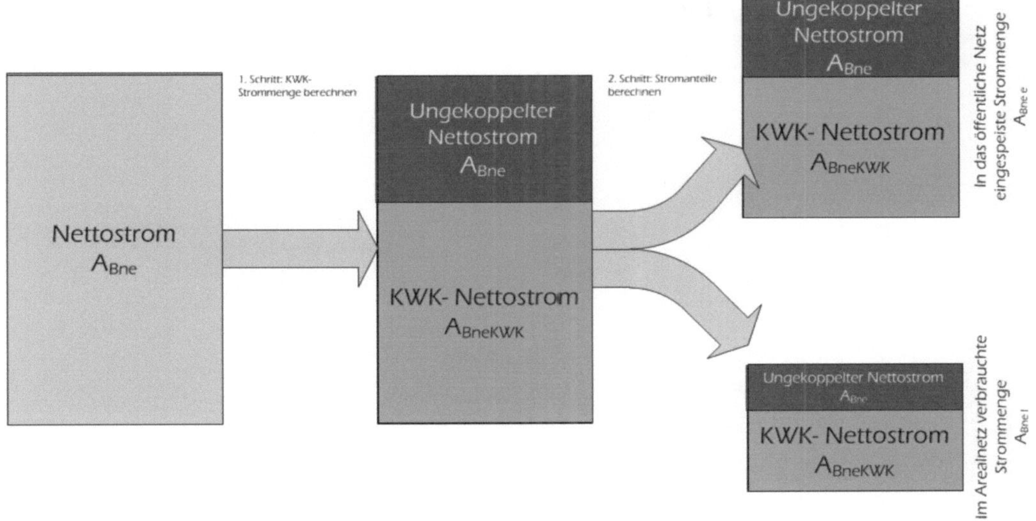

Abb. 6.2: *Strommengen im Arealnetz/ Einspeisemengen*

KWK-Nettostrommenge, die in das öffentliche Netz eingespeiste Strommenge, sowie die von der Anlage erzeugte Nettostrommenge bekannt sein. Hieraus lässt sich dann durch einfache Subtraktion die ungekoppelte Strommenge berechnen, die ja bekannter Weise dem Äquivalent nicht vergütungsfähiger (nach dem EEG) Wärmemenge gegenübersteht. Zur besseren Veranschaulichung dient die Abbildung 6.2.

Es ist klar erkennbar, dass die Mengenanteile anteilmäßig zugeordnet sind. Dass die Summe aller Strommengen nach der Berechnung der ermittelten Nettostrommenge entsprechen muss, ist obligatorisch. Da nun eine Reihe von Berechnungen durchgeführt werden müssen, erfolgt eine Beispielrechnung:

Beispiel Biomasseanlage:

- Erzeugte Nettostrommenge: 3.200.000 kWh

- KWK- Strommengenanteil: 2.000.000 kWh

- Anteil ungekoppelter Stromerzeugung: 1.200.000 kWh

- Anteil eingespeister Strommenge: 2.300.000 kWh

Nebenrechnung Arealnetzverbrauch:

$$Arealnetzverbrauch = Nettostrom - eingespeisteStrommenge \qquad (6.17)$$

$$A_{Bnel} = A_{Bne} - A_{Bnee} \qquad (6.18)$$

$$Arealnetzverbrauch = 3.200.000 \ kWh - 2.300.000 \ kWh \qquad (6.19)$$

$$= 1.900.000 \ kWh$$

Berechnung Partialanteile in Prozent:

Partialanteil KWK-Nettostrom:

$$Partialanteil \ KWK - Nettostrom = \frac{KWK - Nettostrommenge}{Nettostrommenge} \qquad (6.20)$$

$$A_{BneKWK(\%)} = \frac{A_{BneKWK}}{A_{Bne}} \qquad (6.21)$$

$$Partialanteil \ KWK - Nettostrom = \frac{2.000.000 \ kWh}{3.200.000 \ kWh} \qquad (6.22)$$

$$(6.23)$$

$$Partialanteil \ KWK - Nettostrom = 62,5\%$$

Partialanteil ungekoppelter Strommenge:

$$Partialanteil \ Ungekoppelte \ Strommenge = 1 - Partialanteil \ KWK - Nettostrom$$

$$(6.24)$$

$$A_{Bne} = 1 - 62,5\% \qquad (6.25)$$

$$(6.26)$$

$$= 37,5\%$$

Gewichtungsrechnung:

Nachdem die prozentualen Partialanteile der KWK-Nettostrommenge und der ungekoppelten Strommenge bekannt sind, gilt es nun mittels der Gewichtungsmethode dieses Verhältnis auf die eingespeiste Strommenge abzubilden. Dieser "Zustand" ist in der einschlägigen Literatur und der geltenden Gesetze nicht geregelt, jedoch erwies sich dieser Weg als "praxistauglich". Aus diesem Grund werden zwei neue Kennzahlen generiert. Da das FW 308 die eingespeiste Strommenge mit A_{Bnee} bezeichnet, spezifizieren die neuen Begrifflichkeiten $A_{BneeKWK}$ den in das öffenliche Netz eingespeisten KWK-Nettostromanteil und A_{Bnweu} den Anteil der ungekoppelten, in das öffentliche Netz eingespeisten Strommenge.

Die Berechnungen lauten wie folgt:

$$Eingespeister \ KWK-$$
$$Nettostromanteil = Partialanteil \ KWK- \qquad (6.27)$$
$$Nettostrom * eingespeiste \ Strommenge$$
$$A_{BneeKWK} = 62,5\% * A_{Bnee} \qquad (6.28)$$
$$= 1.437.500 \ kWh$$
$$Eingespeister \ ungekoppelter$$
$$Nettostromanteil = Ungekoppelter \ Stromanteil * \qquad (6.29)$$
$$eingespeiste \ Strommenge$$
$$A_{Bneeu} = 37,5\% * A_{Bnee} \qquad (6.30)$$
$$= 862.500 \ kWh \qquad (6.31)$$

Rechnungsergebnis:

Die mit dem KWK-Bonus nach dem EEG 2009 vergütungsfähige KWK-Strommenge beläuft sich somit im vorliegenden Fall auf 862.500 kWh. Für den übrigen Nettostromanteil besteht weiterhin Anspruch auf die Grundvergütung sowie entsprechende Boni, soweit die dazu spezifischen Anforderungen erfüllt sind.

Bewertung:

Die differenzierte Betrachtung der Bestandteile des in das öffentliche Netz eingespeiste Strommenge ist als ergänzenden Berechnungsweg zu sehen. Der Berechnungsweg wie auch die Argumentation hierzu ist ein Kompromiss der für alle Parteien gut nachzuvollziehen ist und auch akzeptiert werden kann. Wenn sich natürlich die Parteien darauf verständigen können, dass zunächst der ungekoppelte Stromanteil auf den Arealnetzverbrauch angerechnet werden kann, so stellt dies einen Vorteil für den Betreiber dar. Sofern sämtliche ungekoppelte Stromanteile im Arealnetz verbaucht werden ist die eingespeiste Strommenge gleich der KWK- Strommenge.

6.5   Notlösung

Eine KWK-Strom-Berechnung ist regelmäßig dann erforderlich, wenn ein Anlagen-betreiber den KWK- Bonus gemäß EEG in Anspruch nehmen möchte. Nun gibt es Einzelfälle, in denen ohne weiteres offenkundig bestätigt werden kann, dass das vor-liegende Wärmekonzept den Anforderungen entspricht, aber keinerlei Anlagenkenn-zahlen vom Betreiber zu Verfügung gestellt werden können (z.B. nicht serienmäßig hergestelltes BHKW ohne Wärmemengenzähler). In einem solchen Fall empfiehlt es sich, einen repräsentativen Bilanzierungszeitraum in der Zukunft zu vereinbaren und die Anlage mit der notwendigen Messtechnik auszurüsten. Die Messergebnisse dieses Zeitraums können dann mit einer gewissen Unschäfe auf den ursprünglichen Betrachtungszeitraumes extrapoliert werden.

6.6   Empfehlung zur Berechnungsvariante

Eine Empfehlung soll dem Anspruch genügen, eine maximale Genauigkeit bei mi-nimalem Aufwand zu erreichen. Dieser Forderung wird der Berechnungsweg gemäß dem KWKG gerecht (siehe Kapitel 6.3). Obgleich die Berechnungsweise recht trivial und übersichtlich ist, ist diese kaum bekannt. Ganz klar abgeraten werden muß von der Berechnungsweise gemäß dem EEG. Diese unterstellt blauäugig die Richtigkeit von Herstellerangaben, was in der Praxis nachgewiesener Weise selten der Fall ist.

6.7   Hinweis

Die Entscheidung, welcher Berechnungsweg zur Ermittlung der KWK-Strommenge angewandt wird, obliegt zunächst dem Betreiber bzw. dem Ermittelnden. Sicher-lich können individuelle Situationen weitere differente Berechnungswege erfordern, die dann jedoch nicht mehr repräsentativ sein dürften. Es wird jedoch darauf hin-gewiesen, dass das Regelwerk FW 308 der AGFW lediglich stellvertretend für die "Anerkannten Regeln der Technik" steht. Darüber hinaus sind sämtliche Berech-nungsverfahren dann legitim, wenn diese durch einschlägiger Fachkunde verteidigt werden können. Es ist zudem keinesfalls schadhaft, nur die erforderliche partielle Berechnungsmethoden der "anerkannten Regeln der Technik" anzuwenden, wenn die übrigen Kennzahlen plausibel sind. Der Gesetzestext erhebt letzlich lediglich den Anspruch darauf, dass das Ergebnis *korrekt* sein muss.

Kapitel 7

Zusammenfassung und Ausblick

Zusammenfassend kann an dieser Stelle festgestellt werden, dass es an und für sich immer einen Weg zur Ermittlung der KWK-Strommenge gibt. Der Aufwand der Berechnung richtet sich immer auch nach dem Anspruch an die Genauigkeit. Die theoretische Möglichkeit zur Berechnung wird häufig durch die Zurverfügungstellung von Basisinformationen sowie Anlagen- und Betriebskennzahlen beeinflusst. Da in den anerkannten Regeln der Technik sämtlichen möglichen Ermittlungswegen, (Messen und Berechnen) ein entsprechender Raum eingeräumt wird, ist es durchaus möglich, fehlende Informationen auf einem dieser Wege zu ermitteln und ggf. auf den Betrachtungszeitraum zu extrapolieren. Sofern im Rahmen von Berechnungen Annahmen getroffen werden müssen, sollte eine gewisse "Ermittlungsunschärfe" mit in die Berechnung eingehen. Die Berechnungsfaktoren sind dann eher pessimistisch, also zum Nachteil des Betreibers anzusetzen. Die hier dargestellten Berechnungswege decken den Großteil der im Feld installierten Anlagen ab. Je komplexer die Anlage aufgebaut ist, desto größer ist grundsätzlich auch der Anspruch an die Fachkenntnis des Berechnenden.

Schlussendlich muss hypothetisch festgestellt werden, dass mit angrenzender Wahrscheinlichkeit die deutliche Mehrheit aller Vergütungsberechnungen, und dies zunächst nur bezogen auf die KWK-Strommenge, fehlerhaft sind. Das muss letztlich so sein, da die Berechnenden sich regelmäßig an die vom EEG vorgegebenen Berechnungsweg über die Stromkennzahl halten. Wenn nun in einer Multiplikation schon ein Faktor falsch ist, dann kann das Ergebnis auch nicht richtig sein.

Die Kenntnis über die fehlerhaften Herstellerangaben ist recht weit verbreitet, dennoch überwiegt scheinbar die Bequemlichkeit oder die Zeitnot, um trotz besseren Wissens stoisch auf den eingetretenen Wegen zu wandeln. Leider scheint sich der Gesetzgeber für derartige Defizite nicht sonderlich zu interessieren, denn auch in der aktuellen Fassung des EEG (2012) bleibt die Berechnungsanleitung unverändert. Aus Sicht der EEG-Umlage zum Vorteil, da die Falschergebnisse in fast allen Fällen den Anlagenbetreiber benachteiligen, und somit in geringen Maße die finanzielle Belastung der umlagepflichtigen Bürgerinnen und Bürger minimiert.

Anhang A

Berechnungsbeispiel

Um die Berechnungsdifferenzen zu verdeutlichen, wird folgend eine reale Pflanzen-ölanlage mit den Betriebsergebnissen aus dem Betriebsjahr 2010 einmal strukturiert auf den benannten Berechnungswegen stellvertretend berechnet. Dabei wird unterstellt, dass die Anlage nicht über eine Notkühleinrichtung verfügt und somit sämtlicher Strom in Kraft-Wärme-Kopplung erzeugt wird. Ferner wird unterstellt, dass die somit bereitgestellte Netto-/ bzw. Nutzwärme im Sinne des Gesetzgebers genutzt wird.

Die nachfolgende Abbildung A.1 zeigt als sicherlich schlechtes Beispiel ein zunächst unvollständiges Herstellerdatenblatt. Ausgewiesen ist hier die elektrische wie auch die gesamte thermische Leistung.

Es würde zur Erfüllung der Forderung nach den Herstellermindestangaben noch der Stromkennzahl bedürfen, wobei wir an dieser Stelle dieses Defizit nicht überbewerten wollen und statt dessen diese selbst rechnerisch mittels der Gleichung A.1 ermitteln.

$$Stromkennzahl = \frac{elektrische\ Leistung}{thermische\ Leistung}$$

(A.1)

$$\sigma = \frac{A_{Bbr}}{Q_{Bbr}} = \frac{340\ kW}{415\ kW} = 0,8$$

Somit resultieren die Herstellerangaben wie folgt:

elektrische Leistung: 340 kW
thermische Leistung: 415 kW
Stromkennzahl: 0,81

Mechanisch thermische Energiebilanz einer Kraft-Wärmekopplung

Aggregattyp: MTU 12V 183

Motorfabrik / -typ: MTU 12V183 TB 32   Generatorfabrikat / -typ: Mecc Alte
mechanische Leistung (COP*): 360 KW   Wirkungsgrad (bei cos phi 1): 95,3 %

*COP= Continous Power= uneingeschränkte Dauerleistung (BHKW-Betrieb)

Die Summe der abgeführten genutzten Leistung errechnet sich aus der elektrischen Leistung und der thermischen Leistung:

1. Abgeführte mechanische Leistung des Motors:
   mechanische Leistung   P mech=   357,0 kW
   x Generatorwirkungsgrad   =   95,3 %
   = abgeführte mechanische Leistung (=el.Leistung)   Pel =   340,0 kW = A $_{BNE}$* = 340,0 kW

2. Thermische Leistung (P th) des Motors: gesamt ca.   davon nutzbar ca.   davon genutzt ca.

	gesamt ca.		davon nutzbar ca.		davon genutzt ca.
Kühlwasserwärme	Q= 185,0 kW	=	185,0 kW	=	185,0 kW
Strahlungswärme des Motors	Q= 50,0 kW	=	0,0 kW	=	0,0 kW
Strahlungswärme des Generators	Q= 18,0 kW	=	0,0 kW	=	0,0 kW
Ladeluftkühlung (Turbolader)	Q= 42,0 kW	=	0,0 kW	=	0,0 kW
Gesamte Abgaswärme	Q= 230,0 kW	=	0,0 kW	=	230,0 kW
			185,0 kW		415,0 kW
			= Q $_{BNE\ KWK}$*		=P $_{th}$ =Q $_{BNE}$*

Summe aus 1+2 der abgeführten genutzten Leistungen P $_{ab\ ges}$ = 755,0 kW

Abb. A.1: *Herstellerangaben BHKW*

Der Wärmemengenzähler, der in diesem Fall die reine Netto- oder Nutzwärmemenge erfasst, hat für das betrachtete Betriebsjahr eine Wärmemenge von 2.065.000 kWh dokumentiert. Durch eine Wärmebedarfsrechnung konnte ein Prozesswärmebedarf von 32.436 kWh (Tankheizung Pflanzenöl) für den betrachteten Zeitraum plausibilisiert werden. Die eingespeiste elektrische Energiemenge betrug 2.397.278 kWh. Die Bruttowärme errechnet sich zu 2.097.436 kWh.

A.1   Berechnung gemäß EEG

Gemäß der Berechnungsanleitung des EEG errechnet sich folgende KWK- Strommenge:

$$
\begin{aligned}
KWK - Strom &= Nutzwärme * Stromkennzahl \\
KWK - Strom &= Q_{BneKWK} * \sigma \\
KWK - Strom &= 2.065.000 kWh * 0,81 \\
KWK - Strom &= \mathbf{1.672.650\ kWh}
\end{aligned}
\tag{A.2}
$$

A.2 Berechnung gemäß FW 308

Nachfolgend wird beispielhaft die Anwendung der "Anerkannten Regeln der Technik nach dem Arbeitsblatt FW 308 der AGFW" demonstriert.

A.2.1 Plausibilisierung der Herstellerangaben

Bei genauerer Betrachtung des Herstellerdatenblattes ist klar erkennbar, dass hier das gesamte Abgaswärmepotential in die Anlagenkennzahlen eingeht, was aus zuvor genannten Gründen nicht möglich ist. Daher müssen diese Herstellerangaben vom Grundsatz her in Frage gestellt werden. In einem ersten Schritt gilt es nun, die Anlagenkennzahlen aufgrund der technischen Komponenten zu ermitteln bzw. zu plausibilisieren. Um dies wiederum tun zu können ist es erforderlich, die spezifischen Kennwerte der eingesetzten Komponenten zu kennen. Dieses "Vorhaben" scheitert bereits im Ansatz, da der Anlagenhersteller keinerlei Unterlagen übergeben hat, die eine dezidierte Betrachtung ermöglicht. Somit müssen sämtliche Kennzahlen anhand von "Standard"- Werten rechnerisch für den Auslegungszustand ermittelt werden.

A.2.2 Nutzbare Kühlwasserwärme

Die Kühlwasserwärme wird über einen dimensionierten Plattenwärmetauscher an den Heizungskreislauf abgegeben. Lediglich die Übertragungsverluste in Höhe von ca. 3% beeinflussen die herstellerseitig angegebenen Leistungsdaten. Würde die Wärme nicht abgeführt, so wäre eine Überhitzung der Maschine und damit eine Zwangsabschaltung oder Schädigung die Folge. Somit ergibt sich eine nutzbare Kühlwasserleistung von 178 kW, basierend auf einer Kühlwasserwärmeleistung des Aggregates von 184 kW.

A.2.3 Nutzbare Abgaswärme

Die vom Hersteller angegebene Abgaswärmeleistung wird, von der maximalen Abgastemperatur direkt nach dem Abgasturbolader bei einem entsprechenden Abgasmassenstrom bezogen auf den Normzustand angegeben. Im Rahmen der Wärmeauskopplung im Blockheizraftwerk darf jedoch eine kritische Abgastemperatur, die üblicher Weise bei 180°C liegt, vorausgesetzt werden. Diese ist erforderlich, um sich ansonsten ergebenden Rekondensationsprodukten vorzubeugen, welche sich schädigend auf die Anlagenkomponenten auswirken könnten.

Vom Motorhersteller (MTU) angegebene technische Daten:

Nennleistung (mech.): 441 kW

Abgastemperatur: 560 °C

Volumenstrom: 1,85 m^3/s

Abgaswärme: 345 kW

Die Korrekturrechnung, ausgelöst durch das tatsächlich nutzbare Abgastemperaturspektrum, führt zu folgendem Resultat:

$$Nutzbare\ Abgaswärme = \frac{angegebene\ Wärmemenge}{Gesamttemperaturgefälle} * nutzbares\ Temperaturgefälle$$

$$Nutzbare\ Abgaswärme = \frac{345\ kW}{(560 - 20)°C} * (560 - 180)°C$$

$$Nutzbare\ Abgaswärme = 242\ kW$$

$$(A.3)$$

Abschließend wird die Abgaswärmeleistung noch um 5% Wärmeübertragungsverluste und 3% Anpassungsfehler nach unten korrigiert, womit sich die maximal nutzbare Abgaswärmeleistung über das Abgas zu 222 kW ergibt.

A.2.4   Extrapolation zum Arbeitspunkt

Da der Motor nicht mit seiner mechanischen Nennleistung von 441 kW, sondern mit einer für den Dauerbetrieb der Anlage gedrosselten Leistung von $(\frac{340\ kW_{el}}{Generatorwirkungsgrad\ (95,3\%)}) =$ 357 kW betrieben wird, korrigieren sich obig ermittelte Kennzahlen unter Berücksichtigung eines linearen Leistungsverlaufes wie folgt:

$$Korrekturfaktor = \frac{Herstellerleistung}{reale\ Dauerleistung}$$

$$= \frac{357\ kW}{441\ kW} = 0,809 \tag{A.4}$$

Hieraus ergeben sich folgende Werte für den Arbeitspunkt:

Nennleistung (mech.): 357 kW

Abgastemperatur: 560 °C

Abgaswärme: 196 kW

Kühlmittelwärme: 149 kW

A.2.5 Zwischenergebnis Anlagenkennzahlen

Zusammengefasst resultieren folgende Anlagenparameter:

Elektrische Leistung: 340 kW

Thermische Leistung: 345 kW

Stromkennzahl: 0,986

Neben der errechneten leistungsbezogenen Stromkennzahl kann aufgrund der Kenntnis aller Arbeitswerte aus einer Berichtszeit die arbeitsbezogene Stromkennzahl ermittelt werden.

$$arbeitsbezogene\ Stromkennzahl = \frac{eingespeiste\ Strommenge = erzeugte\ Strommenge}{Bruttowärmemenge}$$

$$\sigma_A = \frac{A_{Bbr}}{Q_{Bbr}}$$

$$\sigma_A = \frac{2.397.278\ kWh}{2.097.436\ kWh}$$

$$\sigma_{neKWKA} = 1,143$$

$$\tag{A.5}$$

Somit wäre die arbeitsbezogene Stromkennzahl größer als die leistungsbezogene Stromkennzahl, was der Definition in Kapitel 3.13 entspricht. Die KWK-Stromberechnung wird entsprechend hiermit fortgeführt.

A.2.6 Berechnung der KWK-Strommenge

$$
\begin{aligned}
KWK - Strom &= Nutzwärme * Stromkennzahl \\
KWK - Strom &= Q_{Bne} * \sigma \\
KWK - Strom &= 2.065.000\ kWh * 1,143 \\
KWK - Strom &= \mathbf{2.360.295\ kWh}
\end{aligned}
\tag{A.6}
$$

A.3 Berechnung gemäß KWKG (Bilanzrechnung)

Die dritte Berechnung gemäß dem Kraft-Wärme-Kopplungsgesetz erfolgt mittels der gegenseitigen Abhängigkeiten bzw. der Verhältnisse zueinander. Als Voraussetzungen zur Anwendung dieser Berechnung ist unbedingt die Kenntnis der erzeugten Bruttowärme und der Netto-/ Nutzwärme erforderlich. Zwar wurden die Begrifflichkeiten bereits im Kapitel "Begriffsbestimmungen" hinreichend erläutert, dennoch soll an dieser Stelle nochmal eindringlich darauf hingewiesen werden, dass es sich bei der Netto-/ Nutzwärme ausschließlich um die Wärmemenge handelt, die auch im Sinne des Gesetzgebers genutzt wurde.

Aufgrund der Wärmemenge, welche durch den Wärmemengenzähler erfasst wurde, und der plausibilisierten Prozesswärmemenge ist es nun möglich, durch einfache Addition die Bruttowärmemenge zu errechnen. Es ergibt sich somit:

$$
\begin{aligned}
Bruttowärme &= Nettowärme + Prozesswärme \\
Q_{BneKWK} &= Q_{BneKWK} + Q_{Eig} \\
Bruttowärme &= 2.065.000 kWh + 32.436 kWh \\
Bruttowärme &= \mathbf{2.097.436\ kWh}
\end{aligned}
\tag{A.7}
$$

"für den Fall dass weitere Wärmemengen z.B. abgeführte Wärme oder nicht vergütungsfähige Wärmemengen, vorhanden sind, sind diese natürlich ebenfalls aufzusummieren."

Nun können diese Werte in die nachfolgende Berechnungsgleichung eingesetzt werden.

$$KWK - Strom = \frac{KWK - Nettowärme}{Bruttowärme} * Nettostrom$$

$$A_{BneKWK} = \frac{Q_{BneKWK}}{Q_{Bbr}} * A_{Bne}$$

$$(A.8)$$

$$KWK - Strom = \frac{2.065.000 \; kWh}{2.097.436 \; kWh} * 2.397.278,00 \; kWh$$

$$KWK - Strom = \mathbf{2.360.205 \; kWh}$$

A.4 Vergleich und Bewertung der Einzelergebnisse

Wie zu erwarten führen alle Rechnungswege zu einer entsprechenden KWK-Strommenge. Diese stellen sich in der Gegenüberstellung folgender Maßen dar:

Rechnungsweg EEG: 1.672.650 kWh

Rechnungsweg FW 308: 2.360.295 kWh

Rechnungsweg KWKG: 2.360.205 kWh

Offensichtlich führen alle Berechnungswege zu differenten Ergebnissen. Bei allen Varianten handelt es sich um durch entsprechende Rechtsvorschriften legitimierte Verfahren. Wo also liegen die Unterschiede? Diese Frage ist recht einfach zu beantworten und wurde teilweise im Rahmen dieser Ausarbeitung bereits erörtert. In dem Berechnungsweg gemäß EEG wird generell auf die Richtigkeit der Herstellerangaben vertraut- hier kann das altbekannte Sprichwort *"Vertrauen ist gut, Kontrolle ist besser"* par excellance angewandt werden. Im zweiten Berechnungsweg nach dem FW 308 findet praktisch eine vollständige Berechnung der Anlage statt. Somit darf zunächst unterstellt werden, dass dieses Ergebnis vermutlich das präziseste sein dürfte. Bei der letzten Variante muss unbedingt sichergestellt sein, dass die Berechnungsgrundlagen, also die Wärmemengen stimmig sind. Die geringfügige Abweichung zum "FW 308-Ergebnis" kann somit durchaus auf Rundungsfehler abgestellt werden.

Es soll nun letztlich nicht versäumt werden, diese unterschiedlichen Wärmemengen einmal monetär zu bewerten. Dabei wird unterstellt, dass der KWK-Bonus in Höhe von 3 Cent in Anspruch genommen werden kann. Somit ergeben sich folgende Beträge:

Rechnungsweg EEG 1.672.650 kWh * 3 Cent/ kWh = 50.180 Euro

Rechnungsweg FW 308 2.360.295 kWh * 3 Cent/ kWh = 70.809 Euro

Rechnungsweg KWKG 2.360.205 kWh * 3 Cent/ kWh = 70.806 Euro

Es ergibt sich eine Abweichung des Vergütungsanspruches um mehr als 20.000 Euro, was einer Varianz von 30% entspricht. Dies sollte dem Anlagenbetreiber genügend Motivation sein, die Kennzahlen aus dem Anlagenbetrieb gewissenhaft zu dokumentieren. Sicherlich ist das betrachtete Beispiel eklatant und sollte keineswegs zu einer allgemeinen Verunsicherung führen. Für die Zukunft kann nur die Empfehlung ausgesprochen werden diese Thematik eingehend mit dem betreuenden Gutachter zu diskutieren. Sicherlich wird eine umfangreiche KWK-Strom-Berechnung höhere Gutachterhonorare auslösen, wobei der monetäre Vorteil sicherlich in den meisten Fällen überwiegen wird.

Abschließend verweist der Autor gerne auf den §38, EEG 2009, nach dem auch ”Nachträgliche Korrekturen” zu Änderungen der abzurechnenden Strommenge ohne zeitliche Einschränkung grundsätzlich möglich ist. ;)

Literaturreferenzen

[1] GESETZGEBER: Gesetz für den Vorrang Erneuerbarer Energien (Erneuerbare-Energien- Gesetz – EEG) vom 25. Oktober 2008, zuletzt geändert am 11.8.2010. BGBl. IS. 2074, BGBl. IS. 1170, 2008

[2] GESETZGEBER: Gesetz für die Erhaltung, die Modernisierung und den Ausbau der Kraft- Wärme- Kopplung (Kraft- Wärme- Kopplungsgesetz) vom 19. März 2002, zuletzt geändert am 21.8.2009. BGBl. IS. 1092, BGBl. IS. 2870, 2002

[3] AGFW | DER ENERGIEEFFIZIENZVERBAND FÜR WÄRME, K. u. K. e.: AGFW-Arbeitsblatt FW 308, Zertifizierung von KWK- Anlagen, Ermittlung des KWK-Stromes-. AGFW | Der Energieeffizienzverband für Wärme, Kälte und KWK e.V., 2009

[4] AGFW | DER ENERGIEEFFIZIENZVERBAND FÜR WÄRME, K. u. K. e.: Zertifizierung von KWK- Anlagen, EU- Hocheffizienzkriterium, Ermittlung des KWK-Stroms. 2010

Der Autor

Nach einem Maschinenbau-Studium (FH-Diplom) am Umweltcampus Birkenfeld mit einer Affinität zu den erneuerbaren Energieanlagen entstanden zunächst einige Pflanzenöl-Blockheizkraftwerke aus der Feder des Autors. Mit diesem praktischen Know-How wurde im Anschluss das Projektbüro für Neue Energie (www.pbne.de) begründet, wo der Autor seitdem als Gutachter und Sachverständiger für den Bereich der erneuerbaren Energien tätig ist. Im Jahr 2009 erfolgte dann die Zulassung als Umweltgutachter insbesondere für den Bereich der Energieerzeugung aus erneuerbaren Energien.